Callwey

Kerstin Boschütz, Johannes Schmidt (Hrsg.)

Gärten phantasievoll gestalten

Die besten Ideen führender Gartendesigner

Mit Textbeiträgen von Hans-Joachim Dodillet, Heidi Howcroft, Karl Ludwig, Michael Niederstrasser, Wolfgang Niemeyer, Horst Schümmelfeder, Johanna Spalink-Sievers, Roland Thomas und Rüdiger Weddige

Callwey

Inhaltsverzeichnis

rechts: Abschnitt einer locker blühenden Gartenhecke. Ergänzt durch eine Staudenbepflanzung am Fuß der Hecke.

Einleitung

„Gärten sind die Plätze, auf welchen der Mensch alle Vorteile des Landlebens, alle Annehmlichkeiten der Jahreszeiten mit Bequemlichkeit, mit Ruhe genießen kann. Soviel Vorteile und Ergötzungen die Natur ihrem empfindsamen Freunde aufbewahret, soviel kann er in dem Umfang eines ausgebreiteten, wohlangelegten Gartens finden. Ja, diese Vorteile und Ergötzungen erhöhen und vervielfältigen sich hier in eben dem Grade, in welchem Vernunft und Geschmack bemühet sind, einen Garten durch die Reize der Kultur über eine sich selbst überlassene Gegend zu erheben.

...Die Gegenstände der Gärten sind zunächst keine anderen, als Gegenstände der schönen ländlichen Natur selbst. Der Gartenkünstler muß daher zuvörderst solche Gegenstände der schönen Natur sammeln und auswählen, die eine vorzügliche Einwirkung auf das Empfindungsvermögen und die Einbildungskraft haben; er muß diesen Gegenständen eine solche Ausbildung geben, und sie in eine solche Verbindung und Anordnung bringen, daß dadurch ihr Eindruck verstärkt werde. Dadurch verändert ein Platz die Natur einer bloß sich selbst überlassenen Gegend, und fängt schon an, in einen Garten überzugehen. Dies ist das erste allgemeine Gesetz der Gartenkunst.

Weil aber der Garten, als ein Werk des Fleißes und des Genies, die Phantasie und die Empfindung stärker bewegen soll, als eine bloß natürliche Gegend; so soll der Künstler den Eindruck der Gegenstände der Natur, die er mit Überlegung und Geschmack gesammelt, ausgebildet und miteinander verbunden hat, dadurch zu heben suchen, daß er übereinstimmende Gegenstände der Kunst darunter mische und mit dem Ganzen verknüpfe. Dies ist das zweite allgemeine Gesetz der Gartenkunst.

links: Staudenbeet mit Rittersporn, Margeriten, Schleierkraut und Nelken. Landschaftsarchitekten: Rüdiger Weddige und Kai Westerburg, Hannover.

Beide Hauptgesetze entspringen, wie zwei Bäche, aus einer einzigen Quelle, und laufen nebeneinander fort. Diese Quelle ist der Grundsatz: Bewege durch den Garten stark die Einbildungskraft und die Empfindung, stärker als eine bloß natürlich schöne Gegend bewegen kann. Rufe daher natürliche Schönheit der Landschaft herbei; rufe aber auch die Kunst, damit sie jene durch ihre Einwirkung erhöhe."

Christian Cay Lorenz Hirschfeld (1742-1792, Gartenkünstler und Professor der Philosophie): Theorie der Gartenkunst (1779).

Phantasievoll gestaltete Gärten – für das Auge eine Zier, für den darin Weilenden ein kleines Paradies und der Stolz jeden Besitzers. Gerade in der Hektik unserer Zeit bildet ein Garten die Möglichkeit, einen schönen Ausgleich zu schaffen und den Alltag hinter sich zu lassen. Wie groß das Bedürfnis nach einer kleinen grünen Oase ist, läßt sich schon an den unzähligen liebevoll und aufwendig gestalteten Balkonen erkennen. Selbst auf dem kleinsten Balkon findet sich ein Plätzchen für Blühendes.

Oft ist man sich der vielfältigen Möglichkeiten, die man im eigenen Grün hat, jedoch gar nicht bewußt und beschränkt sich in der Nutzung auf einen sehr kleinen Raum. In manchen Fällen genügen schon wenige Handgriffe, um etwas mehr Abwechslung in den Garten zu bringen. Plant man Größeres, wie z. B. ein Gartenhaus oder einen Teich, braucht man natürlich etwas mehr Zeit und nicht selten auch einen Fachmann. Die Freude beim Betrachten und Nutzen kann jedoch nicht hoch genug eingeschätzt werden.

Dieses Buch möchte allen, die einen Garten neu gestalten oder ihn einfach nur mit neuen Elementen bereichern wollen, Ideen und Anregungen vermitteln. Wir danken den Landschaftsarchitekten und Gartengestaltern für das zur Verfügung Stellen ihrer Texte, den Gartenbesitzern für das Öffnen ihrer Gärten und den Fotografen für das umfangreiche Bildmaterial, sie haben maßgeblich zur Gestaltung dieses Buches beigetragen.

Kerstin Boschütz und Johannes Schmidt

Terrassen und Sitzplätze

Terrassen sind ganz allgemein befestigte Plätze im Garten. Auf ihnen können wir je nach Laune (und Beschaffenheit) essen, ruhen, lesen, schreiben oder spielen. Wir sind gleichzeitig im Freien und – je nach Lage im Garten – relativ nahe am Haus, von wo man alles holen kann, was den Komfort erhöht und wohin man sich bei Bedarf schnell zurückziehen kann. Eine Ergänzung zu den „eigentlichen", direkt am Haus gelegenen Terrassen stellen dabei befestigte Flächen im Eingangsbereich, mitten im Garten oder in einer Nische dar, die weniger Komfort und Möglichkeiten bieten, dafür aber andere Vorteile haben.

Wie bei den sogenannten „Freisitzen" (Balkon, Dachgarten u.a.) auch, müssen bestimmte Bedingungen erfüllt sein, um den Aufenthalt auf der Terrasse genießen zu können: Sie sollte in der Regel groß genug sein, um Gäste aufnehmen zu können. Der Bodenbelag sollte ansprechend und praktisch sein. Da niemand gern an einer zugigen Ecke oder in der prallen Sonne sitzt, muß auch an Wind- und Sonnenschutz gedacht werden. Besonders in schmalen Reihenhausgärten stellt sich die Frage nach dem Sichtschutz, denn man will ja auch ein wenig unter sich sein.

links: Lauschiger Winkel zwischen geschnittenen Weißbuchenhecken.

Lage

Die ideale Lage einer Terrasse ist abhängig vom Gebäude, seiner Lage im Grundstück und natürlich dem Grundstück und dem Garten selbst. Weiterhin spielen die Bedürfnisse der Benutzer eine wichtige Rolle: Ein Sonnenanbeter wird seine Terrasse nach Süden hin orientieren; wer gerne in der Morgensonne frühstückt, wird sich für die Ost-Südost-Lage seiner Terrasse entscheiden. Die Abendsonne läßt sich besser auf der West-Südwest-Terrasse genießen. Schatten-Terrassen, die einen ganz besonderen Reiz haben können (Farne, Efeu und Hortensien entwickeln sich beispielsweise hier), lassen sich an der Nordseite eines Hauses anlegen. Dort kommt – je nach Nachbarbebauung – auch die Morgen- und Abendsonne noch hin.

Eine Terrasse am Haus soll gut und auf dem kürzesten Wege erreichbar sein – vom Wohnraum, der Küche oder dem Kinderzimmer. Von der Terrasse aus will man leicht in den Garten kommen, entweder niveaugleich oder über breit angelegte Stufen.

Ein Sitzplatz im Garten läßt sich meist besser am Rand oder einer Ecke des Grundstückes anlegen als mittendrin. Wind- und Sichtschutz lassen sich dann auch wirkungsvoller durch Hecke, Mauer oder Sichtschutzzaun erzielen. Ans Haus kann ein solcher Sitzplatz durch Trittplatten im Rasen oder in den Pflanzflächen eingebunden werden. Ein Wasserbecken, Sprudelstein, Teich oder eine Plastik können als Blickfang auf der Terrasse oder im Anschluß daran sehr wirkungsvoll sein.

rechts: Ein schattiges Plätzchen, flankiert von Rhododendron. Das Klinkerpflaster muß in einem speziellen Brennverfahren frostfest gemacht werden.

Bodenbeläge

Schier unerschöpflich ist das Angebot von Bodenbelägen für Terrassen.

Am häufigsten sind Platten aus Naturstein, Platten aus Betonstein, Natursteinpflaster, Betonpflaster, Klinker, Fliesen und Holz. Aber auch Rasen oder Kies können, wenn auch seltener, Terrassenbeläge sein, wie unsere Abbildungen zeigen.

Grundsätzlich gilt: **Damit Haus, Terrasse und Garten eine Einheit bilden, sollten deren Baustoffe zusammenpassen.** Zu einem weiß geschlämmten Klinkerhaus paßt zum Beispiel Klinker in den verschiedensten Verlegearten. Bei einem schiefergedeckten Haus könnten Schieferplatten verwendet werden. Zu einem Haus mit geputzter Fassade oder aus Kalksandstein passen eigentlich alle gesägten Naturstein-Platten. Wem natürliche Beläge zu teuer sind, der kann auf die Produkte der Betonindustrie zurückgreifen – von der einfachen grauen Zement-Platte bis zur Strukturbeton-Platte.

Insbesondere bei Häusern auf dem Land oder Ferienhäusern sollten regionale Materialien bevorzugt werden. Also Klinker am Niederrhein oder an der holländischen Küste, Maggia-Granit im Tessinn, Terrakotta-Fliesen in der Toskana, Holz in Skandinavien, um nur einige Beispiele zu nennen.

links: Kleine Terrasse aus Kieselpflaster vor einem völlig zugewachsenen Ferienhaus im Emmental/Schweiz. Entwurf: Bernd Glöckler und Marc Stutzer, Basel.

rechts oben: Besonders natürlich wirkt dieser Bodenbelag: Windgeschützte Sitzplätze auf Kiesuntergrund.

rechts unten: Ein Sitzplatz im Garten läßt sich, zumal bei Klappmöbeln, spontan verlegen, wenn die Sonne wandert oder eine andere Perspektive gewünscht wird.
Entwurf: Rüdiger Weddige, Hannover.

Terrassengestaltung

Offene Terrassen

Offene Terrassen vor Wohnräumen erhalten oft viel Sonne, da auch die Zimmer, um Licht und Sonne einzufangen, meist nach Süden ausgerichtet sind.
Sie ermöglichen einen nahtlosen Übergang von innen und außen, wodurch der Wohnraum optisch erweitert wird. Dieser Eindruck läßt sich durch die Auswahl des Bodenbelags für die Terrasse noch steigern: zum Beispiel Travertin ebenso im Wohnraum wie auf der Terrasse; heller Teppichboden innen – heller Belag draußen; Fliesen im Haus, Klinker auf der Terrasse.
Im Hochsommer verlangt nicht nur der Wohnraum, sondern auch die Terrasse davor nach Beschattung. Diese kann durch Bepflanzung, durch einen Sonnenschirm oder eine Markise erfolgen. Da die Gartenmöbel hier ungeschützt sind, sollten sie wetterfest sein (Teakholz, Metall, Kunststoff), damit man sie nicht immer wieder wegräumen muß.

rechts: Großzügig gestaltete Terrasse, die Platz für mehrere Sitzgelegenheiten, größere und kleinere Runden bietet.

Überdachte Terrassen vor Wohnräumen

Eine solche Terrasse hat, bei richtiger Exposition, entscheidende Vorteile. Sie bietet zum Beispiel echten Regenschutz, so daß man bei einem leichten Sommerregen sitzen bleiben kann. Liegt die überdachte Terrasse an der richtigen Stelle, schützt sie im Hochsommer vor zuviel Sonne, im Frühjahr und im Herbst dagegen reichen die Sonnenstrahlen bis unters Dach und ermöglichen auch in diesen Jahreszeiten einen angenehmen Aufenthalt im Garten. Die Wahl des Plattenbelages sollte sich bei dieser Terrassenform ganz besonders an den Materialien orientieren, die beim Hausbau verwendet wurden.

links oben: Überdachte Terrasse eines Hauses auf Gran Canaria.

rechts oben: Die ideale Variante – ein Teil der Terrasse ist geschützt, der andere offen.

Terrassen unter einer Pergola

Eine Pergola kann dazu beitragen, den manchmal krassen Übergang von innen nach außen zu mildern. Deshalb sollte sie sich an ein Bauwerk anlehnen – an das Haus, an eine Mauerscheibe oder an eine Garage. Durch Bepflanzung mit Kletterpflanzen wie zum Beispiel Clematis, Knöterich, Efeu oder Glyzine gehen Architektur und Natur eine innige Verbindung ein. Durch die Pergola wird die Terrasse leicht schattig, und sie bietet Sicht- und Windschutz, was dem Sitzplatz am Haus mehr Intimität verleiht.

links unten: Von einer Lindenhecke sind die Zweige über eine Pergola nach vorne gezogen und durch Schnitt in Form gebracht worden.

rechts unten: Terrasse unter einer Pergola aus Vierkanthölzern in Kombination mit unbehandelten Rundhölzern.

Sitzplätze im Garten

Ein Sitzplatz im Garten hat mehrere Vorzüge. So ist ein schattiger Aufenthaltsort besonders angenehm, wenn es auf der Südterrasse zu heiß wird. Wer einmal ungestört für sich sein möchte, ohne ins Haus zu müssen, findet hier einen geeigneten Rückzugsort. Andererseits können Grillfreunde an einem solchen Platz ihrer Leidenschaft frönen, ohne daß man auf der Terrasse und im Haus von allzu starken Gerüchen belästigt wird.

Gartenhof-Terrassen

Wenn der Platz am Haus von mindestens drei Gebäudeteilen oder Mauern umgrenzt wird, so wird daraus ein Garten- oder Innenhof. Durch die meist enge Verbindung zum Haus und die Abgeschlossenheit nach außen sind solche Plätze ideal zur Anlage einer Terrasse geeignet. Hat das Haus dann noch viele Türen, die sich zum Gartenhof öffnen, so wird aus diesem Platz in ganz besonderem Maße ein erweiterter Wohnraum im Freien. Sicht- und Windschutz sind meist optimal gegeben. Sonnenschutz läßt sich durch eine Pergola, eine Markise oder Aufstellung eines Sonnenschirmes problemlos erreichen.

Einen wichtigen – nicht nur ästhetischen – Aspekt bei der Gestaltung von Gartenhof-Terrassen nehmen Pflanzen und Wasser ein: sie haben erheblichen Einfluß auf das Hofklima. Im allgemeinen ist die Luftbewegung in einem Hof geringer als im freien Gartengelände. In der warmen Jahreszeit kann es ohne Pflanzen und Wasser schnell zur Überhitzung kommen.
Pflanzen und Wasser absorbieren Wärme und reichern durch Verdunstung die Luft mit Feuchtigkeit an. Wenn schon kein Laubbaum in einem Gartenhof gepflanzt werden kann, so sollten doch wenigstens die Wände begrünt werden (Fassadenbegrünung).
Die Installierung eines Wasserbeckens oder Quellsteines hat den gleichen positiven Effekt.

links oben: Holz, Glas, Klinker und Farbe einerseits, das Grün und die Blüten der Pflanzen andererseits, prägen das Bild dieses Gartenhofs. Siedlung „Lahrer Wiesen“, Hannover.

links unten: Atriumhof mit einladender Sitzbank und Kübelpflanzen.

rechts oben: Idylle zwischen Staudenrabatten.

rechts unten: Sitzbank vor einer Steinmauer mit Rose und Clematis.

Sitzplätze im Eingangsbereich

Die Bank vor dem Haus gilt als typisch dörfliches Gestaltungsmerkmal. Da Bauerngärten „in“ sind, kommt auch dieser Sitzplatz wieder in Mode. Er wirkt einladend, gastfreundlich und regt zu einem Schwatz vor der Tür an. Besonders ältere Menschen wissen diese soziale Funktion zu schätzen. Spielende Kinder auf der Straße sind von hier aus besonders gut zu beaufsichtigen. Schließlich ist man hier auch der Sommerhitze nicht so ausgesetzt wie auf einer Südterrasse. Die Bank vor dem Haus oder der kleine Sitzplatz im Eingangsbereich muß sich aber nicht nur auf das ländliche Haus beschränken. Vorstellbar ist sie auch am Reihenhaus einer ruhigen Wohnstraße oder am Mehrfamilienhaus in einem verkehrsberuhigten Neubauviertel.

links oben: Der Platz an der Sonne – Teakholzstuhl vor dem Eingang eines englischen Pfarrhauses.

links unten: Durch die platzartige Erweiterung des Eingangsweges aus Kies läßt sich der Sessel gut plazieren, ohne ein Hindernis darzustellen.

Wind- und Sichtschutz

Niemand fühlt sich auf einer Terrasse wohl, auf der es zieht oder wo man den Blicken der gesamten Nachbarschaft ausgesetzt ist. Oft gibt die Architektur des Hauses schon genügend Wind- und Sichtschutz (Atrium-Haus, Haus im Winkel, L-Form, versetzte Bauweise etc.). Aber schon beim Reihenhaus gibt es hier meist Probleme. Die natürlichste und ökologisch wertvollste Möglichkeit ist die Pflanzung einer Hecke – geschnitten oder freiwachsend (s. Kapitel „Hecken"). Wo keine Pflanzung möglich ist, bleibt nur der Bau einer Mauer oder die Aufstellung eines Sichtschutzzaunes. Die Holzindustrie bietet hierzu zahlreiche Möglichkeiten aus den verschiedensten Hölzern an: Tanne, Lärche, Sipo-Mahagoni, Kamballa und Bongossi.
Flechtzäune aus Exotenholz und Schallschutzzäune aus doppelt geflochtenen Matten werden bereits vorgefertigt in unterschiedlichen Abmessungen angeboten. Mauer und Zaun können besonders schön wirken, wenn sie von Pflanzen berankt werden.

An der Sonnenseite:	Wilder Wein, Kletterrosen, Clematis u.a.
Auf der Schattenseite:	Efeu, Kletterhortensie, Geißblatt.

Die Höhe einer Mauer oder eines Sichtschutzzaunes ist natürlich auch von der Umgebung abhängig. Keinesfalls sollte man sie zu hoch anlegen. **Wenn man auf der Terrasse sitzt, reicht schon eine Höhe von 150 Zentimetern, um nicht mehr gesehen zu werden.** Bei 180 Zentimetern sind die meisten Menschen auch stehend nicht mehr zu sehen.

rechts oben: Eine Mauer ist nicht nur perfekter Wind- und Sichtschutz; die aufgeheizten Steine geben abends auch angenehme Wärme ab.

rechts unten: Waagerechter Plankenzaun als Sichtschutz an einem Sitzplatz.
Landschaftsarchitekten: Schulze & Kummer

Sonnenschutz

An heißen Tagen kann sich eine Sonnenterrasse derart aufheizen, daß man sich vor zuviel Sonne schützen muß. Dies erfolgt – neben Baum oder Pergola – durch Sonnenschirm oder Markise. Der Sonnenschirm erfüllt noch am einfachsten den Wunsch nach Sonnenschutz. Er ist leicht auf- und abgebaut. Wenn er nicht stationär angebracht ist, läßt sich sein Standort mit wechselndem Sonnenstand schnell verändern. Seit einigen Jahren werden auch bei uns Marktschirme, wie man sie aus italienischen Städten kennt, angeboten. Die Bespannung ist aus naturfarbener imprägnierter Baumwolle, das Schirmgestell aus Fichte, Esche, Robinie oder Teak. Ein mit Beton aufgefüllter Eisenfuß sorgt für Standsicherheit. Eine weitere Möglichkeit, sich vor zuviel Sonne zu schützen, ist die Anbringung einer Markise.

Bepflanzung

Besonders auf der Terrasse sind Pflanzen nicht nur schön, sondern tragen erheblich zum Kleinklima am Sitzplatz bei. Ein sommergrüner Baum etwa läßt im Winter und in der Übergangszeit die wärmenden Sonnenstrahlen ungehindert auf die Terrasse, während er in der warmen Jahreszeit durch Schattenwurf (Sonnenschutz) eine Überhitzung verhindert und durch Absorption von Wärme für ein ausgeglichenes Klima sorgt.
Bei den meist kleineren Gärten und Terrassen sollte man auf Kleinbäume (3-10 Meter) zurückgreifen. Die Anpflanzung von weiteren kleineren Gehölzen – auch immergrünen – und die Verwendung von Stauden, Rosen und Blumenzwiebeln müssen auf die jeweilige Terrasse abgestimmt werden. Generell gilt für die Bepflanzung: was aus der Landschaft kommt, paßt auch zu ihr. Blautannen auf Sylt und Bambus im Schwarzwald sollten es nicht sein. Ein reichhaltiger Blütenflor läßt sich durch die Aufstellung von Pflanzkübeln aus Holz oder Ton/Terrakotta, die mit Sommerblumen bepflanzt werden, leicht und preiswert herstellen.

rechts: Dieser Marktschirm aus Teakholz schützt mit seinen übergroßen Stützleisten selbst eine relativ große Runde vor der Sonne.

Wasser im Garten

Wasser gehört zu uns wie das Licht und die Erde, wie Pflanzen und Tiere. Wasser ist schön, wenn man es nur in Ruhe betrachtet: am Strand des Meeres, vom Ufer eines Sees aus, zwischen Steinen am Fluß, im bemoosten Bach, vor der Wand eines Wasserfalls. **Und Wasser ist nicht zu überhören: es klatscht, blubbert, rauscht, sprudelt, knallt, murmelt, zischt, gluckert, tropft...**

All diese Erlebnisse kann auch ein Brunnen im Garten bieten; hier gewinnt das Wasser durch die kunstvolle Ausführung einer Steinmetzarbeit zusätzlich an Reiz, ebenso durch ausgewählte Pflanzen und passende Tiere. Neben dem reinen Vergnügen hat Wasser im Garten natürlich praktische Funktionen, wie das Trinken und das Wasserschöpfen zum Gießen. Aus der Vielzahl der Möglichkeiten, Wasser im Garten gestalterisch und praktisch einzusetzen, möchten wir im folgenden einige Beispiele zeigen.

links: Der Ufersteg ist wie geschaffen, um dort in einer ruhigen Stunde seinen Gedanken nachzuhängen.

Brunnenformen

Um keine Irritationen hervorzurufen, sei zu Beginn ausdrücklich gesagt, daß mit „Brunnen" in diesem Kapitel das ganze Spektrum baulicher Einfassungen von der Vogeltränke bis zum künstlichen Teich gemeint ist.

Vogeltränken

Die Vogeltränke bietet die einfachste Möglichkeit, Gestaltungen mit Wasser im Garten oder auf der Terrasse erleben zu können. Sie verlangt keinerlei technischen Aufwand beim Füllen oder Leeren. Der Formenreichtum umfaßt – wie beim Brunnen – den leicht figürlichen Findling, den flachen Trog, die figürliche Plastik, den abstrakt bearbeiteten Stein und schließlich die kleine Anlage mit einer Pumpe, die aus der Tränke einen Brunnen in lediglich verkleinertem Maßstab macht. Die Wassertiefe sollte an der tiefsten Stelle 10 cm nicht überschreiten, für einen ausreichend breiten Anflugrand, vielleicht ein paar Inseln im Becken, sollte gesorgt sein. **Man darf die Tränke nicht zu sehr ins Gebüsch setzen, da dort die Katze ihr ideales Versteck findet.** Läßt man bei der Gestaltung ein paar flache Wasserrinnsale zu, so wird aus der Vogeltränke zusätzlich eine Bienentränke.

links oben: Ein ausgehöhlter Stein, kombiniert mit einem markanten Solitär, wird zwischen Lavendel zur Vogeltränke, und nachts kommt der Igel hierher.
Entwurf: Jörg Lehrbass, Freising.

links unten: Eine erhöhte Vogeltränke bietet eine gute Möglichkeit, die Tiere beim Trinken und Baden zu beobachten.

rechts: Fernöstliches Element: ein Bambusrohr bildet den Zulauf der Granitschale.

Tröge – Schöpfbrunnen – Wasserstellen

Tröge, also meist längliche Steine, werden gerne als Wasserbecken eingesetzt, seien sie nun bepflanzt oder lediglich Blickfang für eine wirkungsvolle Gartengestaltung. Man muß darauf achten, daß es eine Abflußmöglichkeit gibt, um bei Regen ein Überlaufen und damit Versumpfung der direkten Umgebung zu vermeiden. Ein Kiesbett von ca. 50 cm Tiefe gehört unter den Trog. Man kann ihn als Auffangbecken unter einem Wasserhahn plazieren, wie er in fast jedem Garten vorhanden ist.

Bei höheren Formen, in die man die Gießkanne eintauchen kann, wird der Trog zum Schöpfbrunnen. Ein Brunnentyp, der viel zu wenig Beachtung findet. **Einfache Tonnenformen und schlicht gestaltete Einlaufrohre bieten sachliche Brunnenlösungen, die nicht nur schön anzusehen, sondern im Gartenalltag genutzt werden können.** Sie finden am Haus Aufstellung (eventuell von der Regenrinne gespeist, wobei eine Überlaufvorrichtung vorgesehen sein muß) oder praktischerweise inmitten des Nutzgartenbereichs. Bei der Planung ist auf Ablaufmöglichkeiten zu achten: entweder an die Kanalisation anschließen oder an eine Sickergrube. Auf jeden Fall sollte die direkte Umgebung mit Steinplatten abgedeckt sein, denn daß beim Wasserschöpfen geplantscht wird, erhöht seinen Reiz.

oben: Schöpfbrunnen, Granit.

unten: Ein Wassertrog aus Granit, von Regenwasser gespeist.

Trinkbrunnen

Wichtigste Voraussetzung für den Betrieb eines Trinkbrunnens ist die einwandfreie Wasserqualität.
Der Brunnen muß ans Trinkwassernetz angeschlossen sein – oder an eine eigene Quelle. Bei dieser Brunnenart kann das Wasser ständig in einem kleinen Strahl laufen oder aber auf Wunsch angestellt werden. Die Form des Brunnens muß berücksichtigen, ob direkt vom Strahl getrunken wird oder ob ein Becher gefüllt wird, und ob eine oder mehrere Personen gleichzeitig zur Quelle gehen sollen.

Eine andere Brunnenvariante, die der Gesundheit dient und die ständig mit frischem Wasser gespeist werden muß, stellt der Kneippbrunnen dar, in dem man die Arme eintauchen kann oder der – in Form eines Fußbeckens – zum Waten einlädt; bei größerer Wassertiefe schafft man sich zur Sauna sein eigenes Eintauchbecken.

Wandbrunnen

Wandbrunnen bestehen meist aus zwei Teilen: einmal dem Wasserspender und zum anderen dem Becken, in das sich der Wasserstrahl ergießt. Der Wasserspender kann ein raffiniert gestalteter speiender Menschen- oder Tierkopf sein. Auch eine ganze Brunnenfigur kann das Becken mit Wasser versorgen – das Material: Stein, Keramik, Bronze und Kupfer. Kunstgießereien arbeiten hier mit Bildhauern zusammen und fertigen nach deren Entwürfen oder haben gängige Typen wie Löwenköpfe auf Lager.

Ebenso vielfältig, wie der Wasserspeier gearbeitet sein kann, sind die Möglichkeiten beim Brunnenbeckenentwurf. Es können eine Natursteinschale, ein Ziegelbecken, eine gekachelte Wanne, ein betoniertes Seerosenbekken sein, in denen das Wasser plätschert. Bei dem meist kleinen Wasserstrahl wird man in vielen Fällen den Wandbrunnen an das Trinkwassernetz anschließen und eine aufwendige Umwälzung vermeiden. So kann der Wandbrunnen auch zum Trinkbrunnen werden, Schöpfbrunnen sein oder einfach nur Zierbrunnen, der sein **beruhigendes Wassergeräusch im Garten** verbreitet.

oben: Durch Verwendung alter Materialien kann der Reiz früherer Brunnenanlagen auch in modernen Gärten entstehen.

unten: Das sanfte Plätschern dieses soliden Kalkstein-Brunnens läßt Ferienstimmung aufkommen.

Quellsteine – Sprudelsteine

In den letzten Jahren wurden Quell- und Sprudelsteine immer beliebter. Man orientierte sich zunehmend an einer Brunnengestaltung, die den Stein in ein möglichst naturgetreues Ambiente einordnete. In der Tat lassen sich mit Findlingen und kleineren Kiesel- und Wackersteinen auf recht unkomplizierte Weise Brunnenlandschaften gestalten.

Die Arbeit des Steinmetzen ist allerdings zum Durchbohren eines solchen Findlings unentbehrlich, da er über die erforderliche Kenntnis und die passenden Werkzeuge verfügt, das Sprudelloch so zu bohren, daß der kostbare Stein nicht zerstört wird. Gern verwendet man alte – oder neu gefertigte – Mühlsteine zum Brunnenbau; einige Firmen liefern sogar den verblüffend echt wirkenden Mühlstein aus Kunststoff, der die zum Teil erheblichen Transportprobleme auf leichte Weise löst.
Ist der Kunststoffstein erst einmal bemoost, kann man ihn nicht von einem echten unterscheiden – wenn er so montiert worden ist, daß die Wasserstrudel ihn nicht zum Vibrieren bringen.

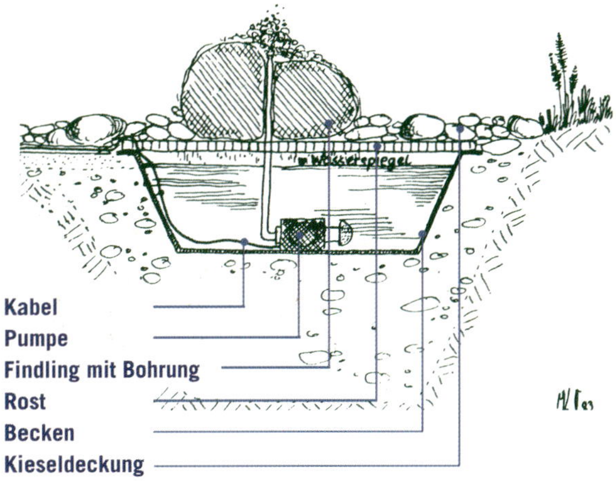

Die runde Form des Mühlsteins – sie bietet sich als organische Lösung beim Brunnenentwurf an – regt Steinmetze zu allen möglichen Oberflächenstrukturen an; oft werden Quellsteine als Meisterstücke ausgeführt, und Könner beweisen, daß auch die quadratische Form beherrscht werden kann.

Spiralartige Beckenführungen lenken das Wasser spielerisch aus dem Zentrum des Sprudels an den Rand des Beckens und darüber hinaus.

links: Markanter Mittelpunkt eines „architektonischen“ Teiches: ein Quellstein.

Die Brunnenplastik

In diesem Bereich sind vor allem der Steinmetz und der entwerfende Künstler gefordert. Grundsätzlich gibt es nichts, was aus Steinen gehauen nicht zu einer Brunnenplastik werden kann.

Jeder Gartenbesitzer sollte allerdings bedenken, **daß eine Brunnenplastik im Garten zum beherrschenden Anziehungspunkt wird und daß meist entsprechender Freiraum vorhanden sein muß,** damit diese kunstvolle Art der Brunnengestaltung auch wirken kann. Hier kommt es auf den einfühlenden guten Kontakt zwischen Künstler und Auftraggeber an, damit – mit dem ja auch nicht gerade preiswerten Kunstwerk – genau das getroffen wird, was jahrzehntelang beim Betrachten, Betasten, Belauschen Freude macht.

Bemerkenswert ist, daß die heutige Brunnenplastik sehr zurückhaltend mit figürlichen Darstellungen des Menschen ist. Eher wagt man sich noch an Tierdarstellungen, wobei sowohl vollplastische Lösungen als auch Reliefarbeiten versucht werden. Mag es an den abschreckenden Produkten einer Industrie liegen, die Engelchen und Nixen in tausendfachen Abgüssen liefert oder sind die Auftraggeber schuld, die fürchten, sich an einem Menschen-Bild satt zu sehen?

links und rechts: Brunnenplastik „Hans“ in einem bepflanzten Wasserbecken; Plastik aus Keramik von Erwin und Gretl Eisch, Frauenau.

rechts unten: Ein Wasserspiel aus Schmiedeeisen steht in einem Becken, das mit Folie ausgelegt ist. Entwurf: V.v. Delius, Nürnberg.

Wasserbecken

Ob Wasserbecken in die Erde eingelassen werden oder mit dem Wasserspiegel über dem Bodenniveau liegen, ist lediglich eine Gestaltungsfrage. Wasserschöpfungen dieser Art versuchen nicht, einen Teich im Garten nachzuahmen, sondern der Beckenrand, oft mit Natursteinfassungen noch betont, der Boden und der Wasserspeicher bleiben deutlich als Elemente sichtbar. Wegen des leise plätschernden Geräusches werden solche Wasserbecken gern in der Nähe des Sitzplatzes oder der Terrasse angeordnet. **Bei nicht zu großer Wasserbewegung durch die Fontäne sind sie auch zur Bepflanzung und Fischhaltung geeignet.**

Als Materialien für den Bau eines solchen Beckens bieten sich an: gestampfter Lehm, Folien, Polyester, Eternit und Beton. Wie bei allen Brunnen muß auch die Umgebung des Wasserbeckens so gestaltet werden, daß das umgebende Erdreich nicht versumpft.

Die Tiefe richtet sich nach der jeweilig gewünschten Funktion; je nach Größe ist ein eigener Wasserzulauf vorzusehen, um die Menge des verdunsteten Wassers leicht nachfüllen zu können. Überlauf und Ablaufmöglichkeiten sind anzubringen, die Pumpe kann direkt im Becken oder in einem separaten Schacht installiert werden, falls eine Fontäne eingeplant ist.

links: Geometrisch strenge Konstruktion mit Anklängen an den maurischen Stil.

Der künstliche Teich

Wer Pflanzen und Tiere im Wasserbereich genießen möchte und nicht die künstlerische Gestaltung einer Steinmetzarbeit sucht, kann sich mit einem künstlichen Teich auf unkomplizierte Weise seinen Wunsch erfüllen. Es bieten sich als einfache Bauweisen der Folienteich oder (kostspieliger) ein vorgefertigtes Becken aus PVC oder ab etwa 2 m^2 Oberfläche glasfaserverstärktes Polyesterkunstharz an. Die Industrie liefert hier alle möglichen geometrischen und freien Formen.

Folien und Becken sind meist schwarz eingefärbt und wirken – erst einmal bepflanzt – recht schnell wie ein natürlicher Teich. Auch mit einem künstlichen Teich lassen sich – dem jeweiligen Gartentyp angepaßt – ganz unterschiedliche Wirkungen erzielen, sei es der modrige Hexentümpel, ein flußbettähnliches Rinnsal, die Sumpflandschaft für einen Naturgarten, die frisch sprudelnde Quelle in klarem Kiesbett, der kleine Fischweiher oder der klassische Seerosenteich.

links: Am oder über dem Wasser: Die Terrasse aus Naturstein ebenso wie der überragende Glaspavillon laden zum Verweilen am schilfumgebenen Teich ein. Landschaftsarchitekt: Wolfgang Niemeyer, München.

rechts oben: Ein Folienteich, dessen Boden und Ränder mit Steinen ausgelegt wurden. Ausführung: Max Langl GmbH, München.

rechts unten: Schnitt durch einen Folienteich.

Standort

Allgemein sollte ein Brunnen immer auch vom „Lieblingsplatz" gut zu sehen sein, egal ob dies das Wohnzimmer, die Terrasse oder ein schöner, sonniger Platz auf dem Rasen ist. Meist wird die Nähe zur Terrasse bevorzugt.

Ein Teich sollte bei einem leicht hügeligen Gelände möglichst an der tiefsten Stelle angelegt werden, um seinen Eindruck von Natürlichkeit zu steigern – wenn dieser Ort nicht sonst irgendwelche Nachteile mit sich bringt.

Eine kleine Brunnengestaltung mit eigener Wasserumwälzanlage ist unabhängig vom Wassernetz und damit fast nach Gutdünken zu plazieren. Für einen sicheren Verlauf des Pumpenkabels durch den Garten ist allerdings zu sorgen, damit man nicht beim Umgraben in Gefahr gerät, es zu durchschlagen. Bei der Standortwahl spielt auch eine Rolle, wieviel Sonne auf das Becken fällt (bei bepflanzten Anlagen sollte man nicht die reine Sonnenlage nehmen, da sich das Wasser zu sehr aufheizen kann, auf diese Weise den Algenwuchs fördert und den Sauerstoffgehalt reduziert). Bei einer Anordnung unter Bäumen ist die Verschmutzung durch Laubfall zu berücksichtigen. Die Hauptwindrichtung kann dafür ausschlaggebend sein, ob der Brunnen richtig steht oder ob man die Fontäne nur dann anstellen kann, wenn gerade niemand auf der Terrasse sitzt.

Weiterhin ist zu überlegen: Behindert der geplante Brunnen die Bewegungsabläufe im Garten, also etwa das Ballspiel, zerschneidet er die Fläche, wo man sonst noch am längsten in der Sonne sitzen könnte, verdeckt er unser Blickfeld auf kleine Pflanzen? Ist der in der Hauswand angebrachte Wasserhahn dort wirklich ideal gelegen oder sollte der Schöpfbrunnen nicht weiter in der Mitte des Gartens angelegt werden, um die Gänge mit der Gießkanne zu verkürzen?

Bei der Planung hilft ein Stück Papier mit der maßstabsgetreuen Wiedergabe des Gartens und einem verschiebbaren Brunnen, um die sonst allzuleicht planlosen Vorstellungen zu konkretisieren und alle oben angeführten Kriterien zu überprüfen.

links: Der Bachlauf und der Teich sind aus Folie gebaut und anschließend mit Kieseln und Findlingen belegt worden. Entwurf: Christian Wegener, Hamburg.

rechts: Durch einen Steingarten läuft ein schmaler Wasserlauf, der über einen kleinen Wasserfall in ein Becken mündet. Entwurf: Karl Kagerer.

Bepflanzung und Tiere

Pflanzen um den Brunnen

Je nach Geschmack kann man den natürlichen Charakter der Wasserstelle mit Bambus und Gräsern, Moosen, Schwertlilien und anderem verstärken oder beispielsweise einen japanischen Fächerahorn und andere Solitärgewächse dort zur Wirkung bringen. Auch Azaleen, Rhododendren und bunte Sommerblumen eignen sich gut für eine farbenfrohe Hervorhebung des Brunnens. Natürlich muß man immer die Wuchshöhen beachten, damit etwa der sprudelnde Findling nicht völlig verdeckt wird.

Pflanzen im Wasserbecken

Wir können fünf Lebensbereiche bei den Wasserpflanzen unterscheiden: Sumpf- und Uferzonen, feuchte Randzonen und Flachwasser, Tiefwasser, Unterwasser und den gesamten Beckenraum (frei schwimmende Pflanzen).

Einteilung der in und am Wasser lebenden Pflanzen:

Lebensbereich Wasser:
1. Unterwasserpflanzen (Wurzeln im Boden, vegetative Teile unter Wasser)
2. Freischwimmende Wasserpflanzen (nicht verwurzelt)
3. Schwimmblattpflanzen (im Boden verwurzelt).

Lebensbereich Wasserrand:
4. Uferpflanzen (Fuß permanent im Wasser)
5. Sumpfpflanzen (regelmäßig überflutet, aber nicht permanent im Wasser)
6. Feuchtigkeitsliebende Beet- oder Freiflächenstauden.

links: Frühlingsidylle: Ein Sitzplatz am Teich unter blühenden Bäumen.

Ideale Pflanzzeit für Wasserpflanzen ist der Frühling, aber auch im Sommer ist eine Verpflanzung möglich. Bei der Ankunft der Pflanzen sollten sie sofort unter Wasser gegeben werden, um nicht auszutrocknen. **Bei Teichen und Becken, wie sie im Privatgarten gebaut werden, empfiehlt es sich, die Wasserpflanzen in Gefäßen einzusetzen.** Das Becken kann so leichter gereinigt werden, und die Pflanzen überwuchern sich nicht gegenseitig.

Bei der Erstbepflanzung ist es wichtig, daß die Pflanzkörbe nicht zu tief gestellt werden, so müssen z.B. die Blätter der Seerosen noch auf der Wasseroberfläche aufliegen. Mit zunehmendem Wachstum müssen dann die Körbe abgesenkt werden. Das Wasser kann aber auch nach und nach eingelassen werden, damit es sich rascher erwärmt.

Seerosenrhizome legt man horizontal und bedeckt sie mit Erde, dann wird wieder mit Sand oder Kies abgedeckt. Die anderen Wasserpflanzen werden aufrecht gepflanzt. Als Regel kann im allgemeinen gelten, daß die Hälfte der grünen Blattmasse aus dem Wasser ragen soll. Nach zwei Jahen muß eine Nachdüngung erfolgen und zwar folgendermaßen: Lehmkugeln werden mit dem Dünger vermengt und in Wurzelnähe in den Boden gedrückt. Es sind auch Düngetabletten im Aquarienhandel erhältlich. Über die Pflege der Pflanzen im Jahreslauf geben Broschüren, die man im Fachhandel bekommt, Auskunft.

Tiere im Gartenteich

In einen richtigen Teich gehören Fische. Der Goldfisch ist das klassische Beispiel – man erwartet seinen rötlichen, weißen, schwarzen Körper in einem Seerosengewässer. Bei ausreichend großem Becken, in dem also genügend Wasserraum eisfrei bleibt, kann er ohne weiteres überwintern. Es gibt allerlei Züchtungen des Goldfisches, der bis zu 30 cm lang werden kann.

Doch sind auch noch andere Fischsorten empfehlenswert: Die Goldorfe leben an der Wasseroberfläche und können bis zu 50 cm lang werden, was sie für kleine Becken ungeeignet macht. Die Rotfeder hat schöne, kräftig rote Flossen, und die unkomplizierte Plötze erfreut durch ihren silberfarbenen Körper. Bei der Fischhaltung sind folgende Punkte wichtig: Es ist für genügend Futter zu sorgen, der Sauerstoffgehalt im Wasser muß notfalls mit der elektrischen Luftpumpe ausreichend gehalten werden, die Wassertiefe sollte 80 cm betragen und die Schwimmöglichkeiten nicht zu beschränkt sein, außerdem sollte die Sonne zeitweise auf das Becken scheinen können. Karl Wachter empfiehlt in seinem Buch „Der Wassergarten“ 50 Liter Wasser pro Fisch.

Käfer, Larven und Würmer werden ganz von alleine kommen und schaden nur selten den Fischen, im Gegenteil, sie dienen ihnen als Futter. In der Umgebung des Teiches oder Brunnens haben wir mit **Vögeln, Libellen, Bienen, möglicherweise mit Fröschen und manchmal auch mit Mücken zu rechnen.**

rechts: Ein Ansporn für jeden, der einen Teich anlegt: Die üppige Vegetation an diesem See ist ein echter Augenschmaus.
Planung: Gerhard Schäfer

Pergolen und Laubengänge

Pergolen und Laubengänge galten schon immer als wichtige gestalterische Mittel der Gartenkunst. Sie dienen zur Betonung der Hauptlinien einer Anlage, der Gliederung des hausnahen Bereichs oder des Gartens. Gleichzeitig vermitteln sie das Gefühl von Geborgenheit und bieten Schutz vor unerwünschter Einsicht, vor Wind und Sonne. Sie bilden geeignete Rankgerüste für Schling- und Kletterpflanzen.

Der Unterschied zwischen einer Pergola und einem Laubengang besteht darin, daß die Pergola zumeist eine waagrechte, offene Abdeckung hat und seitlich offen ist. Der Laubengang ist dagegen an den Seiten mehr geschlossen.

Die Konstruktions-Möglichkeiten von Pergolen sind vielfältig. Grundsätzlich bestehen sie aus Stützen oder Pfeilern, worauf die – zumeist längs verlaufenden – Unterzüge, Traghölzer oder Pfetten liegen. Auf diese werden die überstehenden Auflagenhölzer oder Sparren montiert, weshalb man auch von Auflagenpergolen spricht.

Möglich sind aber auch Rahmenpergolen, bei denen die Pfetten mit den Stützen eine Einheit und somit einen Rahmen bilden, worauf die Sparren direkt montiert werden.

rechts: Ein Zimmer in Grün – wer möchte hier nicht den Sommer verbringen?

Zu diesen Grundformen gibt es zahlreiche Varianten, sowohl in bezug auf das Material als auch auf die Konstruktion. So können die Stützen außer aus Holz ebenso aus Natursteinmonolithen oder Stahlbeton, aber auch aus mit Klinkern gemauerten Pfeilern bestehen. Als Sparren kann man Rundhölzer, Kanthölzer oder Bohlen verwenden.

Für die Aufstellung gilt, daß sowohl das Material als auch die Konstruktion auf die jeweilige Situation, wie Größe des Gartens oder Baustil des Hauses, abgestimmt werden müssen. Man sollte sich darüber im klaren sein, ob die Pergola mehr einen architektonischen Charakter haben soll. In diesem Fall muß auf die Auswahl, Stärke und Bearbeitung des Materials besonders geachtet werden. Die Berankung ist dann von eher geringerer Bedeutung. Legt man hingegen größeren Wert auf die Bepflanzung, kann das Material einfacher beschaffen sein, da es lediglich als Rankhilfe dient und bald verdeckt sein wird. Soll eine Pergola eher die Funktion eines Laubengangs haben, ist neben einer angemessenen Anordnung und Gestaltung darauf zu achten, daß sie nicht zu lang wird und daß sie zu einem Ziel hinführt, wie beispielsweise einem Sitzplatz oder einer Laube.

Von sehr großer Bedeutung für die Wirkung, aber auch für mögliche Nutzungen, ist die Standortwahl einer Pergola. Hier sind unter anderem die Anlehnung oder ein direkter Anbau an ein Haus möglich.

links: Laubengang aus geschälten Holzpfostenrahmen, berankt mit Blauregen.

rechts: Von Echtem Weim berankter Abend-Sitzplatz.

Neben diesen gestalterischen Grundüberlegungen sind aber auch die technischen Aspekte wie Standsicherheit, Imprägnierung, sach- und fachgerechte Verarbeitung des Materials wichtig.

So spielt für die Stabilität unter anderem die Wahl der richtigen Profilstärken und einer entsprechenden Konstruktion eine große Rolle. Die Stützen der Pergola sollten in einem frostfrei gegründeten Fundament (ca. 30 x 30 x 80 cm) aus Beton verankert werden. Die Bodenfreiheit muß mindestens 5 cm betragen, da sonst die Gefahr besteht, daß das Holz zu schnell verrottet. Die Verbindung zwischen Stütze und Pfette kann durch Auflegen und Vernageln oder durch fachgerechtes Verzapfen hergestellt werden. Bei der Befestigung der Sparren auf den Pfetten durch „Aufkämmen" ist darauf zu achten, daß sie von unten eingekerbt werden und nicht die Pfette von oben – hier würde sich sonst sofort Wasser ansammeln. Aus dem gleichen Grund sollten auch die freien Enden der Sparren und Pfetten schräg nach unten zugeschnitten werden.

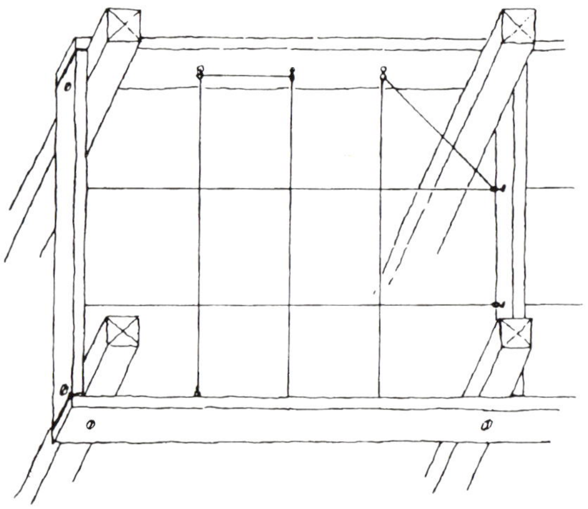

Wenn man sich nun entschlossen hat, sein Haus oder seinen Garten mit einer Pergola zu bereichern, so kann man entweder einen Architekten beauftragen, die Planung selbst in die Hand nehmen, sich die Hölzer zuschneiden lassen und diese montieren oder auch auf Fertigprodukte zurückgreifen. Um spätere Enttäuschungen zu vermeiden, sollte jedoch in jedem Fall zumindest der Rat von Fachleuten hinzugezogen werden.

oben: Leichte Form einer Rahmenpergola. Die inneren Pergolenbretter sind durch Rankdrähte ersetzt.

links: Pergola mit Wildem Wein und roter Kletterrose.

rechts: Mit Rosen berankter Laubengang aus leichten Metallstreben in einem Garten in St. Jean-du-Gard, Cevennen, Frankreich.

Berankung

Voraussetzung für die Berankung einer Pergola ist eine pflanzenunschädliche Imprägnierung der Hölzer, da sonst die Gefahr besteht, daß die Pflanzen absterben oder nur sehr kümmerlich wachsen. Es sollte auch nicht vergessen werden, am Fußpunkt der Stützen Pflanzlöcher zu schaffen.

Die im folgenden aufgeführten Kletterpflanzen eignen sich für die Berankung von Pergolen und Laubengängen besonders gut:

- **Immergrüne und wintergrüne Kletterer (Akebie, Efeu, Geißblatt, Immergrüne Brombeere).**
- **Sommergrüne Kletterer (Pfeifenwinde, Baumwürger, Knöterich, Hopfen, Wilder Wein und Rebe)**
- **Schön blühende Kletterer (Waldrebe, Kletterhortensie, Geißblatt, Kletterrosen)**
- **Einjährige Arten (Zierkürbis, Wicken, Trichterwinden).**

oben: Sind keine großen Belastungen durch den Bewuchs, durch Wind oder Schneelast zu erwarten, ist ein Gestell aus gebundenen Bambusstäben eine reizvolle und preiswerte Lösung.

links: Pergola mit üppiger Berankung – idyllischer Sitzplatz im Grünen und schützendes Dach zugleich.

Folgeseite: Laubengang aus Eichenbalken auf Steinblöcken in Somerset, Südengland. Geplant als Abschluß eines Gartens mit Ausblick in die Landschaft. Architekt: Sir Edwin Lutyens, Gartenarchitektin: Gertrude Jekyll, 1904.

Holzschutz

Beginnt man mit dem Bau einer Pergola oder eines Laubengangs, wird man in den meisten Fällen auf Holz zurückgreifen. Hierbei stellt sich natürlich die Frage nach der Haltbarkeit. Als organischer, gewachsener Stoff unterliegt Holz wie alle organischen Stoffe dem Zerfall. Verschiedene Pilze und die Larven von Insekten beschleunigen diesen Verfall noch.

Vorbeugender Holzschutz sollte dabei weniger in der reichlichen Verwendung von Holzschutzmitteln bestehen, als vielmehr in der richtigen Auswahl und Verarbeitung der Hölzer. Die im Handel erhältlichen Hölzer unterscheiden sich nicht nur im Preis, sondern auch in ihren Eigenschaften. Es gibt Bäume, die in ihrem Inneren im Alter einen Kern ausbilden, in welchem der Transport von Wasser und Nährstoffen eingestellt wird und Stoffe wie Harze, Gerb- und Farbstoffe oder Wachse eingelagert werden. Kommt es dabei zu einer Verfärbung, spricht man von Kernholz, bleibt sie aus, von Reifholz. Beide Formen sind durch diese Einlagerungen von Natur aus imprägniert und daher sehr dauerhaft. Zu den Kernholzarten zählen Eiche, Kiefer und Lärche. Buche, Fichte und Tanne gehören zu den Reifholzarten. Die noch dem Holztransport dienenden Holzteile werden als Splintholz bezeichnet. Sie sind weitaus stärker von Zerfall bedroht. Bei Verwendung dieser Holzart ist daher der Aufwand für chemischen Holzschutz sehr hoch.

Für Außenarbeiten eignet sich am besten Lärchen- und Eichenkernholz, am häufigsten verwendet werden jedoch aus preislichen Gründen Fichte und Kiefer.

Ebenso muß nebet der richtigen Holzart auf den Feuchtegrad geachtet werden. Er ist je nach der beabsichtigten Verwendung auszuwählen und sollte für Holz im Außenbereich zwischen 12 und 16 % betragen.

Von entscheidender Bedeutung ist jedoch der konstruktive Holzschutz. Damit ist die Vorbeugung der Gefahr von Holzschäden durch fachgerechte Ausformung, Verbindung und Befestigung der Holzteile gemeint. Dazu gehört der Schutz vor aufsteigender Feuchte, die Vermeidung von Stellen, an denen sich Wasser sammeln oder nur schlecht ablaufen kann oder an die nur ungenügend Luft herankommt.

Beachtet man all diese Punkte, dann erübrigt sich in der Regel auch der Holzschutz mit „harten" und giftigen Mitteln. Zudem gibt es seit einigen Jahren immer mehr Firmen, die „natürliche", für Mensch und Umwelt unschädliche Holzschutzmittel anbieten.

Rankbögen

Die kleinste Form einer Pergola ist ein Rankbogen. Am Eingang zum Grundstück oder im Vorgarten über den Weg plaziert, ist er eine einfache und schöne Art, den Besucher zu begrüßen, ihm das Gefühl zu geben, durch ein Tor in einen anderen Bereich zu kommen.

Heutzutage findet man Rankbögen meist nur noch in Kleingärten. **Sie sind jedoch sehr gut geeignet, um einem Vorgarten ein „eigenes Gesicht" zu geben oder in einen anderen Gartenbereich überzuleiten.** Traditionell werden sie aus Holz (Rund- oder Kanthölzer) hergestellt, sie können zugunsten einer längeren Haltbarkeit aber auch aus Metall bestehen. Hierfür gibt es einige sehr schöne Beispiele, die auch als Fertigprodukte erhältlich sind.

rechts: Phantasievoller Rankbogen als einladender Eingang zu einem Grundstück.

Offene Lauben

Offene Lauben, wie zum Beispiel Rosenlauben, sind in ihrer Bauweise und Konstruktion ähnlich offen wie Rankgerüste und Pergolen, ähneln in ihrer Form jedoch schon eher den Lauben oder Pavillons.

Dieser Typ bietet die Möglichkeit, auch in kleineren Gärten, in Anlehnung an eine Mauer etwa oder wegbegleitend, einen gemütlichen, windgeschützten Sitzplatz zu schaffen. Die Laube kann entweder aus Holz sein oder aus Metall.

Als Ranker sollte man – der Tradition folgend – überwiegend Kletterrosen pflanzen. Aber auch Wein, schwächer wachsende Clematis-Arten oder einjährige Ranker wie Feuerbohnen, Wicken, Trichterwinden machen sich hier gut. Stark wachsende Kletterer, wie z.B. Knöterich oder Blauregen, sollte man hierfür nicht verwenden, da sie die Wirkung der Gitter beeinträchtigen und die Konstruktion zerstören.

links oben: Mit Efeu berankter Spalierzaun – in seiner Gestaltung an einen Rankbogen erinnernd. Landschaftsarchitekt: Christian Wegener.

links unten: Eingangsportal in Wiltshire, Südengland, bewußt als Zwischenglied vom Garten zum Haus gesetzt.

rechts: Weiße Laube – umwachsen von Kletterrosen, Efeu und Blauregen.

Das Gartenhaus – der geschützte Platz im Garten

Der immer stärker werdende Trend zur Naturnähe schlägt sich einerseits in einer Abkehr vom stereotypen, pflegeleichten Garten nieder. Andererseits lernen es auch immer mehr Menschen wieder zu schätzen, einen alltäglich nutzbaren Freiraum im Garten zu haben.

Im Hinblick auf Schutz vor Hitze, Regen, Wind und neugierigen Blicken bieten sich da Gartengebäude besonders an. Unter ihnen gibt es eine große Formenpalette (mit vielen Berührungspunkten untereinander): zum einen all die eher durchlässigen Bauwerke, die von der Pflanze als bestimmendem Element ausgehen, wie Weinlauben, Hainbuchenlauben, Baumlauben, Laubengänge, oder Lauben mit offenen, berankten Seiten. Zum anderen – und sie wollen wir in diesem Kapitel vorstellen – massive Pavillons und Gartenhäuser, die heute oft aus Holz, seltener aus Metall und fast gar nicht mehr aus Stein gebaut werden, und bei denen Pflanzen eher als Zutat erscheinen.

links: Für Verliebte, für Kinder, für ungestörte Stunden: ein Gartenhaus auf Stelzen.

Pavillons und Gartenhäuser

Pavillons haben im Unterschied zu Gartenhäusern eher eine leichte, zierende Konstruktion und eine zentrale Grundfigur und sind offen oder geschlossen. Gartenhäuser weisen meist ein Satteldach und einen rechteckigen Grundriß auf, verbunden mit einem eher zweck-orientierten Erscheinungsbild.

Gartenhäuser sind über Nutzungsmöglichkeiten und Zweckbestimmungen von Pavillons hinaus stärker praktischen Aufgaben gewidmet. Sie sind richtige kleine Häuser mit Fenstern, Tür und geschlossenen Wänden, bieten Platz für Spielgerät, können als Spielhäuser für Kinder dienen oder sogar als Schlafraum für Gäste. Leider finden sich – ob in Kleingartenanlagen oder Hausgärten – kaum schöne, architektonisch ansprechende Gartenhäuser. Auch beim Errichten von Gartenhäusern scheint es das wichtigste Ziel zu sein, möglichst schnell, billig und unkompliziert zu bauen. Es würde uns freuen, wenn unsere Beispiele bei Ihnen den Wunsch nach Individualität und Schönheit wecken könnten.

Lage

Fällt es noch relativ leicht, sich im Garten für den Standort eines Baumes, einer Pergola oder einer offenen Laube zu entscheiden, so wird es schon schwieriger, wenn man ein „richtiges" Gartengebäude unterbringen möchte – zumal die Grundstücke heutzutage viel kleiner sind als früher. Neben der Entscheidung für ein bestimmtes Erscheinungsbild ist also die Lage des Bauwerks von großer Bedeutung für eine befriedigende Gestaltung und Funktion. **Eine erste Überlegung dürfte wohl sein, in welcher Entfernung vom Wohnhaus das Gartengebäude liegen soll.** Es sind einerseits die entstehenden Wege zu bedenken, die dann immer zurückgelegt werden müssen, aber auch, welche anderen Gartenteile in Verbindung mit dem Gartenhaus stehen sollen, so der Gemüsegarten, ein Teich oder der Spielbereich für die Kinder. Andererseits gibt ein weiter vom Haus entfernt liegendes Gartenhaus eher die Möglichkeit zum Rückzug vom Trubel lebhafter Familien und eröffnet auch reizvolle Rückblicke auf das Haus und den eigenen Garten.

Wird ein solches Gartenhaus noch durch einen dichten Laubengang mit dem Wohnhaus verbunden, so ist der Aufenthalt dort auch bei schlechtem Wetter „naheliegend". Solche Anlagen sind allerdings bei den meist kleinen Abmessungen heutiger Baugrundstücke oft nicht mehr möglich. Gartenbauwerke und Wohnhaus

rechts: Ein niedersächsisches Gartenhaus als Schmuckstück einer Kleingartenkolonie mit begrünter Fassade und schattigen Sitzplätzen.

müssen also enger zusammenrücken; dies kommt zwar einer häufigeren und geselligeren Nutzung entgegen, bedeutet aber auch die Notwendigkeit einer sorgfältigeren Abstimmung zwischen den Gebäuden.
Das gilt ebenfalls für die Beziehungen zu Gebäuden auf Nachbargrundstücken – je näher sie sind, desto stärker müssen sie in die eigenen Überlegungen miteinbezogen werden. Raumbildungen durch die Stellung der Gebäude und der bestimmenden Baum- und Strauchgruppen wirken auf den eigenen Garten ein und können hier aufgenommen werden. Zum Beispiel kann die Zuordnung eines kleinen Pavillons zu einer Gruppe alter Bäume sehr reizvoll sein, auch wenn diese bereits auf dem Nachbargrundstück stehen. Auch das „grenzüberschreitende" Blätterdach eines schönen Einzelbaums kann als Rahmen dienen.

Liegt das Gartenhaus am äußersten Ende eines Grundstücks, so kann, neben der Abgeschiedenheit, auch die Aussicht in die umgebende Landschaft ein großer Anreiz für den Aufenthalt sein; ein Aspekt, der bei der großen Siedlungsdichte unserer Städte und Dörfer allerdings immer mehr an Bedeutung verliert.
Eher selten wird man aus demselben Grunde ein Gartenhaus an die Straßenseite, d.h. in den Vorgarten, plazieren. Der meist zu starke Verkehr und der verbreitete Wunsch, lieber für sich zu sein, verbieten dies in der Regel.

Gartengebäude können auch der Raumgliederung des Gartens dienen. So mag ein Gartenhaus ein langes Grundstück in einen vorderen und einen hinteren Bereich aufgliedern, besonders im Zusammenwirken mit Hecken- und Baumpflanzungen.
Ebenso kann die Oberflächengestalt die Lage eines Gartenhauses beeinflussen. Liegt es auf der Kuppe eines Hügels, unterstreicht dies seine Wichtigkeit; auf der Kante einer Terrassierungsmauer betont es das Architektonische der Gartenanlage; und nicht zuletzt ergibt sich aus solchen und ähnlichen Anordnungen ein schöner Ausblick auf den Garten und seine Umgebung. Umgekehrt ist ein derart plaziertes Gartenhaus ein Blickfang und dient der Zierde des Gartens. Diesen Zweck kann es auch in einem ebenen Gelände erfüllen, wenn es bewußt als Endpunkt eines Weges, als Abschluß eines Laubenganges oder als Hintergrund für eine große Wiese errichtet wird.

links: Ein Holzpavillon in solch einer Lage ist ein schöner Ort, um gleichzeitig für sich und mitten im Garten zu sein.

Pavillons

Holzpavillons

Holz wird in der Regel in Skelettbauweise verwendet. Dabei bedingen die Eigenschaften des Materials meist eine „natürliche“ Gliederung des Gebäudes nach der Funktion der einzelnen Elemente in der Konstruktion. Das bedeutet, stärker belastete Hölzer wie etwa Stützen und Auflagehölzer (Sattelbalken) müssen dicker sein als es die Streben beispielsweise eines Rankgerüstes zu sein brauchen. Diese konstruktiv bedingte Gestaltung ermöglicht einen **Baustil, bei dem Funktion und Form eine Einheit bilden.**

links: Der Traum eines jeden Kindes: ein Baumhaus.

rechts oben: Pavillon mit Glasdach und eingebauter Rundbank in einem Hausgarten in Hannover. Entwurf: Horst Feldmann, Hannover.

rechts unten: Ein rundumverglaster Holz-Pavillon, ideal für´s Sonntagsfrühstück oder den „tea for two“. Entwurf: Margarethe Bülstedt, Nordheim.

Metallpavillons

Auch Stahl wird meist in Skelettbauweise verwendet. Die konstruktiven Grundelemente können bei gleicher Belastung sehr viel dünner sein als bei Holz.
Dies ermöglicht die **Gestaltung der lichtesten und verspieltesten Pavillons überhaupt,** wirft aber auch gestalterische Probleme auf. Die Zierlichkeit der Stützen steht meist im Gegensatz zu dem festen, geschlossenen und damit schweren Dach des Pavillons. Die bei der Skelettbauweise wünschenswerte Einheit von Funktion und Form ist bei der Verwendung von Metall nicht ohne weiteres zu erreichen und sichtbar zu machen. Von Vorteil ist sicherlich die große Haltbarkeit des Materials, dies ist vermutlich auch der Grund dafür, daß es recht viele neue Beispiele – die zum Teil allerdings „alt" aussehen – für Pavillons aus Metall gibt.

Steinpavillons

Man findet heute kaum noch aktuelle Beispiele für Steinpavillons. Das mag zum einen daran liegen, daß der finanzielle Aufwand für den heutigen Bauherrn nicht mehr in einem richtigen Verhältnis zum Nutzen zu stehen scheint. Dem relativ „schwer" wirkenden Steinpavillon wird entweder der leichte, zierliche Holzpavillon oder das vielfältiger nutzbare, geräumigere Gartenhaus vorgezogen. Daß auch dieses eher selten aus Stein, sondern vornehmlich aus Holz gebaut wird, zeigt, daß man Gartengebäude heute kaum noch „für die Ewigkeit" baut.

rechts: Filigrane Konstruktion mit Laubencharakter: Metallpavillon am See.

Gartenhäuser

Gartenhäuser aus Holz

Die meisten Gartenhäuser aus Holz sind Kleingartenlauben, ein deutliches Zeichen für die mehr „praktische“ Bestimmung dieser Kategorie. Im Gegensatz zu den Holzpavillons wird die tragende Holzkonstruktion bei Gartenhäusern meistens verdeckt durch eine Verkleidung mit den verschiedensten Materialien. Dabei besteht die Gefahr, daß die Wandflächen undifferenziert und ausdruckslos erscheinen. Das ist leider bei vielen fertig angebotenen Häusern der Fall. Dennoch lassen sich schöne Holzhäuser auch ohne großen Aufwand preiswert herstellen. Einmal vorausgesetzt, der Baukörper ist in seinen Proportionen und Flächenaufteilungen in Ordnung, so besteht eine **gute Möglichkeit der Gestaltung darin, die tragende Konstruktion sichtbar zu machen,** indem man nur jeweils die Gefache ausfüllt oder einen Teil des Hauses als offene Veranda ausbildet und dabei die Stützen frei läßt. Hier ergeben sich dann Möglichkeiten, mit Spalieren und Rankpflanzen das Haus zu verschönern. Soll das Haus aber doch verkleidet werden, so wirkt die senkrechte Verbretterung schöner. Es ist allerdings eine zusätzliche Unterkonstruktion aus Dachlatten auf den Ständern anzubringen.

Schmale und gehobelte Nut- und Federbretter wirken, da sie auch sonst häufig verwendet werden und ihre Fugen nur eine „Täuschung“ sind, leicht steril. Schöner sind breitere, rauhe Bretter; ihre Fugen können beispielsweise mit schmalen Leisten (2-3 cm breit) abgedeckt werden, wodurch die Fläche ein lebendiges Relief bekommt. Möchte man sein Haus aber doch lieber quer verschalen, so wirkt eine Stülpschalung durch ihre Schattenbildung reizvoll. Hierbei liegen die Bretter dachziegelartig übereinander.

links: Malerische Laube in einer Berliner Kleingartenkolonie.

rechts: Die aufgesetzten Leisten sind einerseits Rankhilfen; andererseits verleihen sie der Fassade eine interessante Struktur.

Gartenhäuser aus Stein

Gartenhäuser werden, ähnlich wie Pavillons, nur noch ausnahmsweise aus Stein gebaut. Holz wird beim Bau von Gartengebäuden in der Regel dem Baustoff Stein vorgezogen. Dieser ist zwar im Vergleich deutlich haltbarer, aber eben auch teurer. **Außerdem erschwert das massive Material eine leichte, zierliche Bauweise,** wie sie mit Holz erreicht werden kann und wie sie sich die meisten Gartenbesitzer heute für den Garten wünschen.

Die meisten Gartenhäuser aus Stein werden daher in Kleingartenanlagen gebaut, wo das Gartenhaus zeitweise die Funktionen des „Haupthauses“ erfüllen muß. Daneben entstehen auch vereinzelt größere Gartenhäuser, die als zusätzliche Wohnung oder Sommersitz genutzt werden können oder aber die Verwendung als kühler und trockener Lagerraum ermöglichen. Diese Gartenhäuser unterliegen jedoch einer Baugenehmigung.

rechts: Massiver Ziegelstein-Fachwerkbau im Biedermeier-Stil.

Die Gestaltung eines Gartenhauses

Angesichts der allgemein relativ kleinen Baugrundstücke kann das wichtigste Gestaltungskriterium nur lauten: Das Gartenhaus muß in seiner Gestaltung dem Wohnhaus entsprechen. Ihre Zusammengehörigkeit soll sich in Materialien, Formen und Farben ausdrücken. Dabei soll aber das Gartenhaus nicht einfach eine Verkleinerung des Wohnhauses werden; auf diese Weise würden wohl nur Puppenstuben entstehen. **Das Gartenhaus soll ein eigenständiger, bewußt gestalteter Bau sein, allerdings in erkennbarer Beziehung zum Haupthaus.** Ist das Grundstück sehr klein oder die Beeinflussung durch Nachbarhäuser sehr intensiv, dann sollte man sich überlegen, ob ein gelungener Anbau, wie ein Wintergarten, eine überdachte Veranda oder ein Altan nicht einem freistehenden Gartengebäude vorzuziehen ist. Hierbei gilt in noch stärkerem Maße, den Stil des Hauses aufzunehmen und zu wahren.

rechts: Malerisch eingewachsenes Gartenhaus.

Wege und Plätze

Befestigte Flächen bilden einen erheblichen Teil von Gärten und öffentlichen Anlagen. Die Gestaltung dieser Wege, Plätze, Terrassen, Zufahrten und Straßen prägt das Erscheinungsbild und setzt Maßstäbe, die die Qualität der Gesamtanlage beeinflussen. Bedingt durch ihren Charakter stellen diese Flächen eine Verbindung zwischen bebautem und freiem Raum dar. Das Baumaterial eines Gebäudes kann im Bodenbelag wieder aufgenommen werden.

Daß Vorgarten und Vorplatz als Aushängeschild für das gesamte Anwesen werben, ist bekannt. Ebenso vermitteln sie etwas über das Leben der Bewohner. Leider wird in der Regel vom Hausinneren aus gearbeitet – gedanklich wie auch in der Praxis –, so daß die Elemente der Außenanlage oft wie Stiefkinder behandelt werden. Am Bodenbelag wird nicht selten gespart und eine nicht befriedigende Lösung ausgeführt. Der Gesamteindruck einer Anlage sollte sich jedoch vielmehr zu einem harmonischen Ganzen fügen – vom Gebäude bis zum Bodenbelag. Dabei spielen neben der Gestaltung ohne Zweifel das Material und die Ausführung eine wichtige Rolle.

rechts: Weg aus Naturstein mit Wasserspiel.

Gartenwege

Abgestempelt als zweckmäßig und funktional, ist ein Gartenweg wesentlich mehr als eine Verbindung zweier Punkte oder ein Mittel, um sauberen Fußes von einem Ort zum anderen zu gelangen. Wege sind ein wichtiges Element der Gartengestaltung, das Rückgrat eines Gartens, ohne das dieser selbst nicht erlebbar ist. Zugleich Führung und Trennung, wirken sie von oben betrachtet wie Striche, Linien, die dem Garten eine Struktur verleihen. Weil Wege immer zwischen Flächen liegen, werden sie kaum betrachtet; daß wertvolle Gestaltungsflächen zu Füßen liegen, wird leicht vergessen.

Egal, wie die Wegeführung verläuft, ist eine klare Hierarchie von Wegen, gegliedert nach Funktion und Frequenz ihrer Begehung, beizubehalten: ein logischer Aufbau von breiten Hauptwegen bis hin zu schmalen Stichwegen.

Bevor man sich für eine Form der Wegeführung entscheidet, empfiehlt es sich, alle Funktionen, die der Garten später erfüllen muß, in einem Lageplan, in dem Haus, Garage und Eingänge sowie Gartenfläche und Straßenverlauf eingetragen sind, einzuzeichnen. Dies erleichtert den Wegeverlauf nicht nur, sondern bestimmt ihn oft auch schon.

links: Wie von allein entstanden wirkt dieser Weg aus Steinplatten und Moos.

rechts: Ornament-Pflaster im Lui-Garten. Der Kranichweg mit Lotusblüten symbolisiert den Wunsch nach einem langen Leben. Verwendet wurden Kieselsteine, Porzellanscherben, Bruchsteine.

Wegbreiten

Die Wegbreite hängt vom Benutzungsgrad ab. Je häufiger ein Weg begangen wird, desto breiter sollte er sein.

Hauptweg: Breite von rund 110 cm bis max. 150 cm. Wenn er befahren wird: 3 m.
Nebenweg: zwei Drittel der Breite des Hauptweges Stichwege/Transportpfade: 50 cm

Wegematerial

Als Wegematerial stehen Platten und Pflaster in unterschiedlichsten Größen aus Naturstein oder Betonwerkstein zu Verfügung. Auch Pflasterklinker in verschiedenen Größen und Farben lassen sich gut im Garten verwenden.

Kombinationen von Platten und Pflaster oder Klinker und Pflaster sind durchaus möglich, man sollte sich aber auf zwei bis drei Steinarten beschränken.

Die Wahl der Größe und des Formates der einzelnen Steine richtet sich nach der Größe der Fläche, die befestigt werden soll. Wer nur einen kleinen Weg pflastern möchte, sollte zum Beispiel dafür kein großformatiges Kopfsteinpflaster verwenden, sondern Kleinpflaster oder sogar Mosaikpflaster. Ausschlaggebend für den Gesamteindruck ist neben der Form, Größe und Farbe des verwendeten Steins auch die Art der Verlegung. Das Fugenbild bei der Plattenfläche, die Pflasterung in Reihen oder Bögen, die Anordnung von Klinkern im römischen Verband oder ihre Verlegung im Fischgrät-Muster spielen eine oft unterschätzte Rolle.

links oben: Einfacher und doch wirkungsvoller Gartenweg aus Gras.

links unten: Dezente Trittplatten im Rasen.

rechts : Naturstein und Klinker, kombiniert verwendet im Hof.
Planung: Hartmut Mumme, München.

Pflaster

Nach der Nachkriegseuphorie für „moderne" Materialien kann man seit den achtziger Jahren eine Renaissance des Natursteinpflasters beobachten. **Naturstein-, aber auch Klinker- und Ziegelpflaster (beide entstehen aus gebranntem Ton) bieten eine Fülle von Oberflächenstrukturen, Formen, Farben und Verlegungsarten.** Zählt man Langlebigkeit und Flexibilität zum Bonus der Eigenschaften eines Naturmaterials, so sind dies ideale Pflastermaterialien. Jedes Material hat seine eigene Handschrift wie auch seine unterschiedliche regionale Verteilung. Sowohl für ländliche wie auch für städtische Anlagen können geeignete Pflasterarten ausgesucht werden, die den örtlichen Charakter aufnehmen und sich in die Umgebung einpassen.

1. Naturstein

Gängige Arten: Granit, Basalt, Porphyr, Sandstein, Marmor, Grauwacke.
Seltenere Art: Melaphyr

Man unterscheidet nach Größen:
Mosaiksteinpflaster: 5/7 cm
Kleinsteinpflaster: 7/9, 8/10, 9/11 cm
Großsteinpflaster Breite: 15-17 cm, Länge 16-22 cm, Höhe 14-16 cm.

Platten: Granit, Porphyr, Quarzit, Sandstein, Grauwacke, Schiefer, Basaltlava.
Stärken: ca. 4-5 cm.
Oberflächen: spaltrauh/bruchrauh, gesägt, geflammt, gestockt.
Farben: nach Steinart unterschiedlich; grau, blauschwarz, grünlich, gelb, rot und braun gemischte Farbtöne.

links: Einfache, aber optisch wirksame Platz- und Gartengestaltung. Variationen im Reihenverbund, Längsverbund als Wegeführung, Mittelsteinverbund als Betonung der Mitte. Landschaftsarchitektin: Ineke Greve, Heerlen, Niederlande.

rechts: Hier wurde mit Naturstein gepflastert, die Fugen mit Kieselsteinen geschlosssen.

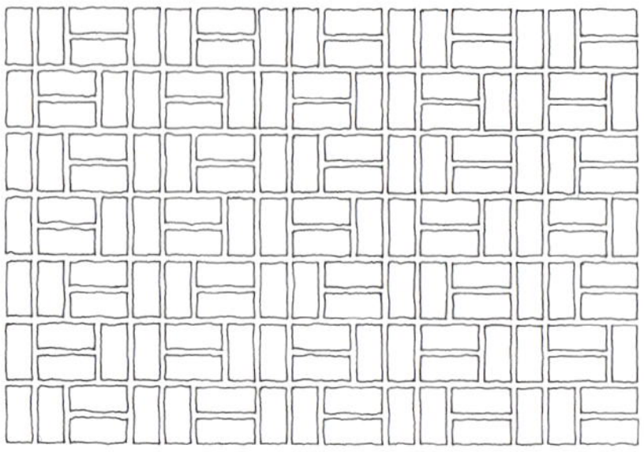

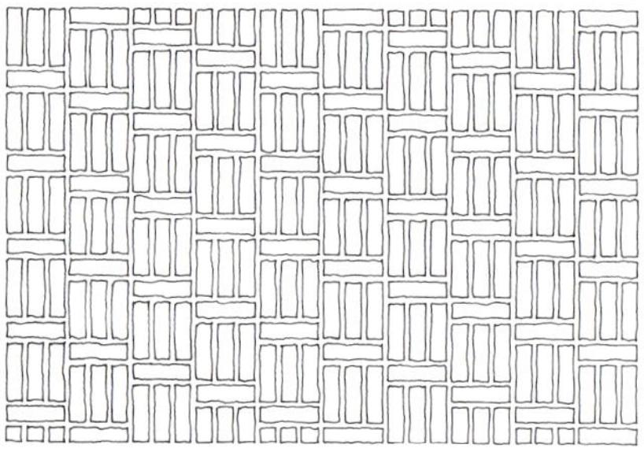

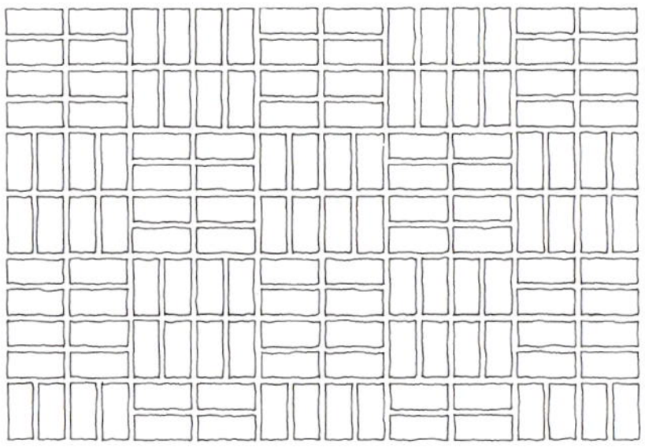

Maßgebend für die erfolgreiche Anwendung von Natursteinpflaster ist die Kenntnis der Eigenschaften des Materials. Natursteinpflaster ist ein kostbares Material. Deshalb sind Pflasterflächen an markanten und prägnanten Stellen zu finden. Bei der Verwendung von Natursteinpflaster sollte jedoch bedacht werden, daß eine Pflasterfläche niemals ganz eben ist.

2. Ziegel und Klinker

Pflaster und Platten aus Klinker oder Ziegel sind eine schöne und preiswertere Alternative zum Natursteinpflaster. In der Regel werden Ziegelsteine in Norddeutschland, den Niederlanden, in Dänemark und England verwendet, wo mildere Klimabedingungen vorherrschen. Der Pflasterklinker besteht aus den Grundstoffen Lehm, Schiefer und Ton. **Durch das Brennen mit Temperaturen von weit über 1000 °C erhält er eine lange Lebensdauer, schöne Farbtönungen und eine besondere Lebendigkeit.** Es wird empfohlen, im Außenbereich Klinkersteine zu verwenden, da die Haltbarkeit und vor allem die Frostbeständigkeit gewährleistet sind.

Formate des Pflasters: 24 x 11,8 cm und 20 x 10 cm in unterschiedlichen Stärken von 4,5 cm bis zu 7,1 cm. Die jeweilige Stärke hängt von der Art der Verwendung ab. Die kleineren Stärken sind für Wege ausreichend, Fahrwege benötigen größere Stärken. Dementsprechend ist auch die Stärke des notwendigen Unterbaus zu wählen.

Farben: rot, rotbunt, braun.

Klinkerplatten: Verschiedene Hersteller bieten Klinkerplatten in den Größen 15/15 und 20/20 cm an.

Farben: rot, rotbunt, braun, ocker, blaubunt.

Stärken: 4 und 5 cm.

Skizzen: Variationen zum Thema Block- und Parkettverbund. Die Ziegel oder Klinker können hochkant oder flach verlegt, die Blöcke versetzt sein. Dadurch ist für jedes Muster eine andere Gestaltungsform erreichbar.

links: „Grünes“ Pflaster. Die breiten Fugen des Klinkerpflasters wurden mit Flugsamen von Gräsern und Stauden besiedelt. Eine spontane Begrünung, in der die Fläche begehbar bleibt.

rechts: Rechteckiger Klinker, hochkant mit Kreuzfugen als Riegel verlegt.

Folgende Gründe sprechen für die Verwendung von Natursteinpflaster bzw. Ziegel- oder Klinkerpflaster:

- **Wiederverwendbarkeit:** Nach dem Recycling-Prinzip können beide Materialien mehrfach verwendet werden und behalten auch nach Jahren ihren Wert.
- **Langlebigkeit:** Dies ist eine Voraussetzung für die Wiederverwendbarkeit.
- **Pflege:** Die beiden Pflasterarten erweisen sich in der Instandhaltung als sehr pflegeleicht.
- **Kosten:** Investitionskosten, Lebensdauer, Pflege und Wartung bestimmen die Kosten. Kommen einem die Kosten zunächst eher hoch vor, zahlen sich Naturstein-, Klinker- oder Ziegelpflaster über einen Zeitraum von mindestens zehn Jahren aus.
- **Variabilität von Verlegungsarten:** Individuelle Möglichkeiten zum Verlegen des Belages für jede Situation. Erst bei der Verlegung erhalten die Pflasterflächen ihr typisches Aussehen. Obwohl die Verlegungsarten je nach Reihenfolge und Anordnung der Steine unterschiedlich sind, sind sie zum großen Teil auf erkennbaren geometrischen Prinzipien aufgebaut. Diese Prinzipien sollten klar ablesbar sein. Die Steingröße bestimmt den Maßstab, und nicht jedes Steinformat ist für jedes Verlegungsmuster geeignet.

3. Betonwerkstein

Betonpflaster und Beton-Verbundsteinpflaster werden in vielen unterschiedlichen Formen, Farben, Größen und Stärken angeboten. Auch wenn sie erheblich preisgünstiger als Natursteinpflaster sind, können sie im Aussehen nicht konkurrieren. Inzwischen wird zwar eine ganze Reihe von Betonpflastern angeboten, welche das Aussehen von Natursteinpflaster vortäuschen sollen. Wer aber genau hinsieht, wird den Unterschied sofort bemerken.

Unterschiedliche Größen, in quadratisch oder rechteckig, erhältlich.
Plattengrößen: 20/40, 30/30, 40/40, 50/50, 40/60 cm.
Verschiedene Farben und Oberflächenstrukturen.
Stärken: meist 5 cm.

links: Breiter Weg im Botanischen Garten von Lissabon. Ein sehr aufwendiges Gartenpflaster, typisch für die portugiesische Pflasterkunst.

rechts: Abwechslung bringt dieser gepflasterte Weg in geschwungenen Linien.

4. Holzpflaster

Holzpflaster kann, aber nur wenn es kesseldruckimprägniert ist, unter Umständen als Wegematerial im Garten Verwendung finden. Im Einzelfall muß geprüft werden, ob es wirklich zum Haus und seiner Umgebung paßt, da es doch eher rustikal ist. Rutschgefahr ist bei feuchtem Wetter, vor allem in stark begrünten und schattigen Bereichen, nicht ganz auszuschließen.

Es gibt Kantholz- und Rundholzpflaster:
Kantholzpflaster, quadratischer oder rechteckiger Querschnitt, aus Naturholz oder Eiche.
Formate von 10 x 12 cm bis 15 x 35 cm.
Höhen: 10 und 15 cm.

Rundholzpflaster, runder Querschnitt, aus Nadelholz, meist Kiefer.
Querschnitte: 8 bis 20 cm. Höhen: 10 und 15 cm.

Das Holz zeigt auf der Gehfläche immer seine Hirnholzseite und ist dadurch sehr abriebfest. Die Lebensdauer wird unterschiedlich beurteilt. Es steht aber auf jeden Fall fest, daß Holzpflaster mit Natursteinpflaster oder Pflasterklinker nicht konkurrieren kann.

rechts: Ein einfacher Holzbretterweg, passend zum Holz der Pergola.

Wassergebundene Decke und Kies

Nicht nur in größeren Anlagen können die sogenannte „wassergebundene Decke" und Kies als Wegematerial zur Anwendung kommen. Die kaum auszuschöpfenden Anwendungsmöglichkeiten in Kombination mit anderem Pflastermaterial sind die Stärke dieser Befestigungsart.

Bei der wassergebundenen Decke besteht die Deckschicht aus einer im verdichteten Zustand 3-5 cm starken Lage Material feiner Körnung, zum Beispiel Lehmsand, in einer Korngröße von bis zu 10 mm. Von vielen Seiten als matschig bei Regen und staubig bei Hitze abgelehnt, sind wassergebundene Decken nach wie vor ideal für Landschaftsgärten. Mit einem fachgerechten Unterbau können sie sogar befahren werden.

Kies ist ein altes, leider etwas in Vergessenheit geratenes Wegematerial. Für einen Gartenweg beträgt der Gesamtaufbau 15 bis 20 cm: Auf dem wasserdurchlässigen und frostsicheren Unterbau liegt eine 3 bis 4 cm dicke Schicht Lehmkies, aus feinem Kies oder Splitt 3 bis 7 mm Körnung, abgestreut und gewalzt.
Bei beiden Wegematerialien empfiehlt sich eine Wegbegrenzung (Kantenstein, Pflasterkante, Klinkerrollschicht), und sie erfordern einen nicht unerheblichen Pflegeaufwand. Wer sich für einen Belag aus wassergebundener Decke oder Kies entscheidet, sollte auf jeden Fall vor dem Hauseingang eine Platzfläche aus Platten oder Pflaster mit einem eingelassenen Gitterrost vorsehen.

Stufen und Treppen

Treppen sind viel mehr als nur eine praktische Methode, um von einer Ebene auf eine andere zu kommen, sie sind wichtige Gestaltungselemente. Egal, welches Ausmaß sie annehmen, ob grandiose Treppenanlagen oder bescheidene Treppchen, sie ziehen Blicke auf sich.
Wer Stufen und Treppen im Garten einbinden will, sollte sich bei der Wahl des Materials vom Wegbelag leiten lassen.

links: Prachtvolle Strauchrosen rahmen den Kiesweg ein.

rechts: Kiesweg im ländlichen Vorgarten.

Wurde hier Granitpflaster verwendet, dann empfiehlt es sich, Stufen und Treppen aus Granitplatten oder –Blockstufen zu verwenden. Sehr schöne Stufen und Treppen lassen sich aus Pflasterklinker herstellen. Wichtig ist, daß Stufen im Garten nicht höher als jeweils 15 cm sein sollten. Treppen lassen sich leichter begehen, wenn sie aus einer ungeraden Anzahl von Stufen bestehen. Die einzelnen Stufen sollten immer die gleiche Steighöhe aufweisen.

Lage des Hauseingangs

Bei kleineren Vorgärten empfiehlt sich ein direkter Zugang zum Haus. In größeren Anlagen kann ein geschwungener Weg zum Haus führen. In die Biegungen lassen sich dann kleinere Bäume oder auch Sträucher setzen, die den Vorgarten gliedern und den Weg von der Straße zum Haus erlebnisreicher machen. Vor dem Hauseingang sollte sich der Weg platzartig erweitern, damit auch mehrere Personen dort stehen können.

Garagenzufahrt

Prinzipiell ist es günstig, die Garage nahe der Straße anzuordnen, um weniger befestigte Fläche, dafür aber mehr nutzbaren Gartenraum zu erhalten. Garageneinfahrten sollten mindestens 2,50 m breit sein. Damit man beim Aussteigen aus dem Auto nicht gleich in der Bepflanzung steht, kann die Wegbreite hier auch 3,0 m betragen. Grundsätzlich sollte aber aus ökologischen Gründen möglichst wenig Fläche versiegelt werden. Lange Zufahrten lassen sich durch quer zur Fahrtrichtung verlegte Platten-, Pflaster- oder Klinkerstreifen optisch gliedern und verkürzen. Bei der Verwendung von Platten ist jedoch unbedingt auf deren Belastbarkeit durch Fahrverkehr, die sich vornehmlich aus der Dicke des Materials ergibt, zu achten. Je nach Standort der Garage können Zufahrt und Hauseingangsweg auch zusammengelegt werden.

Sitzplätze

Sitzplätze sind Refugien im Garten. Eine einzeln stehende Sitzbank oder ein Gartensessel lädt zum Verweilen ein. Die Belagsart steht erst an zweiter Stelle. Dennoch sollte auch der kleinste Platz im Einklang mit der Gartengestaltung stehen, wofür oft schon eine Kiesfläche ausreicht.

rechts: Von Immergrün eingewachsene Granit-Blockstufen. Landschaftsarchitekt: Günter Schulze, Hamburg.

HECKEN

Die trennende und schützende Funktion einer Hecke hat ihre Anfänge mit dem Beginn der Gartenkultur. Der Gartenstil änderte sich, Hecken blieben als Funktions- und Gestaltungsgegenstand.
Auch heute noch gelten sie als ein wichtiger Bestandteil der Garten- und Kulturlandschaft. Ob formal und streng architektonisch, locker und ausladend, Monokultur oder buntgemischt, die Auswahl von Hecken ist vielseitig und bietet für jede Situation eine passende Lösung.

Eine Hecke schützt in mehrfacher Hinsicht: vor dem Eindringen von Mensch und Vieh, vor Wind, vor neugierigen Blicken. Sie bietet einen Lebensraum für Kleinpflanzen und Fauna, ist ein Refugium in der Natur.
Die Auswahl der Pflanzen hängt von den örtlichen Klima- und Bodenverhältnissen ab wie auch von der gewünschten Heckenform. Eine fachmännische Pflanzung ist erforderlich. Der Boden sollte gut vorbereitet, der Heckengraben ausreichend tief und breit, die Pflanzen selber von guter Qualität sein.
Die Pflanzen müssen fachgerecht gepflegt werden, die Anzahl der Schnitte und die Schnittform je nach Heckenart erfolgen. Während der Trockenperioden muß in den ersten Jahren nach der Pflanzung gegossen werden. Bei Feldhecken kann dies unpraktisch sein, deshalb ist es besonders wichtig, nur standortgerechte Pflanzen zu verwenden.

Hecken sind ein lebendiger Zaun, ihr Gesicht ändert sich je nach Jahreszeit, sie bieten eine vertikale Grünfläche in den kleinsten Gärten und bereichern die Kulturlandschaft. Das Wachsen, Gedeihen, Formen liegt jedoch ganz in der Hand der Gärtnerinnen und Gärtner.

links: Klassische Verwendung einer Buchsbaumfassung für einen Bauerngarten. Landschaftsarchitekt: Joachim Winkler.

Feldhecken

Landstraßen, eingefaßt von Hecken; Felder, gegliedert durch Hecken, mal streng geschnitten, mal breit und ausladend – das sind die Bilder, die zu unserer Vorstellung von einer idyllischen Landschaft gehören.

Durch die ganz unterschiedlichen Anforderungen in der freien Landschaft kann eine Feldhecken-Art nicht direkt in den Garten übernommen werden. Einzelne Aspekte können jedoch in passenden Gärten eingefügt werden. Bebaute Grundstücke am Siedlungsrand sollten für die Grenzeinfriedung den Charakter und Typ der örtlich vorgefundenen Landschaftshecke übernehmen. Grundsätzlich läßt sich zwischen drei Typen von Feldhecken unterscheiden:

- Die schmale Feldhecke, die einer regelmäßigen Pflege bedarf. Hier ist zu differenzieren zwischen „auf den Stock" gesetzten Hecken und Knickhecken.
- Die Wallhecke, im Prinzip eine gestutzte Feldhecke, auf einen Wall gesetzt.
- Die breite, ausladende, höhengestaffelte, lockere Hecke.

Die zu verwendenden Pflanzen sind abhängig von den örtlichen Boden- und Klimaverhältnissen.

Gartenhecken

Ein Garten ohne Hecke ist kaum vorstellbar. Neben der schützenden Funktion spielen gestalterische Gesichtspunkte eine wichtige Rolle bei der Auswahl des Heckentyps. Die Möglichkeiten sind vielseitig und reichen von zweckmäßigem bis spielerischem Einsatz. **Es ist zwischen zwei Heckenarten zu unterscheiden, der lockeren Hecke und der geschnittenen Hecke.**

Lockere, blühende Hecken

Ursprünglich aus der Feldhecke hervorgehend, steht bei dieser Hecke der ländliche und natürliche Charakter im Vordergrund. Im Idealfall sollte die Hecke aus der Wiesen- und Rasenfläche herauswachsen und mit ihr eine Einheit bilden. Hier kommt der Landschaftscharakter am besten zur Geltung. Nur in größeren Gärten läßt sich das volle Ausmaß einer lockeren Feldhecke übernehmen. Für den gewöhnlichen Gartenraum kann in der Regel nur die Idee der Hecke, zugeschnitten auf die zur Verfügung stehende Fläche, erreicht werden.

links: Eine Kolkwitzienhecke als Abschluß eines Gartens. Obwohl es sich um eine fremdländische Pflanze handelt, fügt sich ihre lockere Wuchsform gut in die hiesige Umgebung ein.

Die Pflanzenwahl und die Abfolge der Pflanzen sind unter Berücksichtigung der Grundregeln freigestellt. Das Ziel ist eine ruhige Abwechslung von Laubformen, Farbtönen, Blüte, Früchten und Herbstfarben. Für das Winterbild sollten auch immergrüne Sträucher eingesetzt werden.

Lockere, blühende Hecken benötigen viel Platz. Sie bieten aber Vögeln und Kleintieren einen wichtigen Lebensraum.
Eine erfolgreiche Komposition ist nicht ganz einfach, vergleichbar mit der Gestaltung eines Staudenbeetes. Gute Vorbereitung, Betrachtung von Beispielen natürlicher Hecken zu jeder Jahreszeit, vorsichtige Überlegung bei Verwendung von nichtheimischen Sträuchern können den Erfolg zwar nicht garantieren, jedoch viel dazu beitragen.

Zur Gestaltung und Ausführung einer blühenden Hecke gehören folgende Grundregeln:

- Es sollten überwiegend regionaltypische heimische Pflanzen verwendet werden. Exotisch wirkende Sträucher sollten nur vereinzelt an ausgesuchten Standorten der Hecke gepflanzt werden.
- Es muß ausreichend Platz vorhanden sein. Eine versetzte zweireihige Hecke hat in ausgewachsenem Zustand einen Pflanzbedarf von mindestens 4 m Tiefe.
- Die Pflanzung muß nach ausgewachsener Höhe gestaffelt werden: niedrige Pflanzen vorne, höhere Pflanzen hinten, mittelhohe dazwischen.
- Ein schnurgerader Verlauf der Hecke wirkt leicht eintönig, leichte Ausbuchtungen und sanfte Kurven sind hier hilfreich.
- Strauchrosen aller Art, Wildrosen wie die Hundsrose sind prädestiniert für die Verwendung in einer lockereren Hecke.
- Zur blühenden Hecke gehört eine reiche Krautschicht (Stauden, Gräser, Farne), die sich am Fuß und am Rand der Hecke entwickeln kann.
- Die in Katalogen und Büchern abgebildeten Farben von Blüten, Früchten und Laub entsprechen nicht immer genau den Naturfarben. Es ist daher ratsam, sich über die Farben in natura zu informieren.

links: Auch im Winter bildet die Eibe einen undurchlässigen Zaun.

rechts: Für Rosenliebhaber: eine blühende Hecke zwischen Grundstücken.

Die Hecke allein, ob niedrig oder hoch, ist nicht unbedingt eine dichte Einfriedung. Vor allem am Fuß der Sträucher ist ein Durchdringen möglich. Um Mensch und Tier fernzuhalten, kann entweder ein niedriger Maschendrahtzaun, der mit der Zeit zuwächst und von Laubgrün verschluckt wird, durch die Hecke gezogen oder am Rande der Hecke ein Holzzaun gesetzt werden. **Auch bei einer natürlichen Hecke ist Pflege notwendig.** Je nach Strauchart sind ein Verjüngungsschnitt und Auslichtung in regelmäßigen Abständen notwendig, meist jährlich im Spätherbst.

Geschnittene Hecken

Eine geschnittene Hecke bildet eine eindeutige Trennung, ob als Vorgartenhecke, Hecke im Garten oder als niedrige Beeteinfassung.

Es sind verschiedene **Hecken-Varianten** möglich:

- Grüne Mauern, mannshoch, präzis geschnitten, raumbildende Elemente, als Fortsetzung von Innenräumen gleichzeitig Kulisse, Rahmen oder Hintergrund.

- Tabletthecken, schulter- oder hüfthoch, zum Darauf- und Darüberschauen: klare, ebene Flächen im Mittelfeld des Gartenraumes oder im Vorgarten.

- Einfassungshecken von feinen Strichen bis zu plumpen, wulstigen Hecken um Blumenbeete, Kräutergärten, Rasenflächen wie auch Kiesflächen. Ein Gestaltungselement, das aus der Daraufsicht betrachtet werden soll. Ein Höhepunkt und die vollendete Form der Einfassungskunst sind zweifelsfrei die Heckenparterres.

Die historischen Beispiele sind zahllos, vom italienischen Renaissance-Parterre, Barock-Heckentheater, englischen Topiary-Gärten des 17. Jahrhunderts bis hin zur Verschmelzung aller bekannter historischer Formen in den Heckengärten des 19. und Anfang des 20. Jahrhunderts. **Geschnittene Hecken sind der Inbegriff der Vorgartenkultur.** Ordentlich und millimetergenau geschnitten,

links: Ein Heckengarten: wegbegleitende, raumtrennende Rotbuchenhecken und Buchsbaumhecke als zarte Linie vor der Buchenlaube. Landschaftsarchitekt: Joachim Winkler.

passen sie zum englischen Rasen wie zu gepflegten Rosenbeeten und sind ein Zeugnis des Eifers und Könnens des Gärtners. Die Vorliebe zum Schneiden und Schnippeln ist ein gärtnerisches Phänomen, das man in allen Ländern mit einer traditionellen Gartenkultur findet.

Die Formung und Verformung der Natur ist ein Bestandteil der Gartenkunst, die nur während der Naturbewegung der englischen Landschaftsgärtner und in modernen Naturgärten gemildert angewandt wurde. Im Garten ist zwischen der nach außen schützenden Gartenhecke und den garteninternen Trennhecken zu unterscheiden. Die Pflanzentypwahl sollte den Funktionen entsprechend erfolgen. So ist eine Lavendelhecke als Vorgartenhecke ungeeignet, ebenso wie eine Hainbuchenhecke als Beeteinfassung.

Im Fall der Vorgartenhecke spielt die Umgebung eine wichtige Rolle. Fremdländisch wirkende Feuerdornhecken sind in der ländlichen Umgebung unpassend. Es sollte vermieden werden, in Straßen mit überwiegender Thuja-Heckenbepflanzung durch Neupflanzung von Thujen den monotonen Friedhofscharakter noch zu betonen. Hier ist ein Beitrag zur Umweltverschönerung durch die Pflanzung einer einheimischen Heckenpflanze angebracht. Am besten geeignet sind Hainbuche, Eibe oder Liguster.
Hecken sind eine langfristige Angelegenheit. Die Idee einer sofort ausgewachsenen Hecke ist utopisch. Die Hecke muß sich entwickeln können. In den ersten Jahren ist daher immer eine gewisse Durchsichtigkeit gegeben.
Geschnittene Hecken benötigen aber weniger Platz als freiwachsende Hecken. Je nach Pflanzenart muß man mit einer Breite bis zu einem Meter rechnen. **Höhe und Breite reguliert man mit der Heckenschere, was ein bis zweimal im Jahr erfolgen sollte.**

links: Mit Durchgängen lassen sich Gartenachsen effektvoll in Szene setzen.

rechts oben: Skulptur in einer Rotbuchenhecke. Auffallend sind die frischglänzenden Blätter des Frühsommerlaubes.

rechts unten: Detail eines Spalierzaunes, mit Prunkwinden bewachsen.

Gartenräume

Sogar der kleinste Garten läßt sich in Gartenkabinette trennen. Durch geschickte Verwendung der Hecken kann ein Garten optisch verlängert und durch abgestufte Heckenbuchtungen verbreitert werden: Gestaltungstricks, die einen Garten bereichern. Hecken können die Funktion eines Gartenbereiches betonen und vom restlichen Garten trennen. Einzelne Elemente können „zelebriert" werden, zum Beispiel eine Hecke als Rahmen zum Sitzplatz, Skulpturen in Heckennischen, ein Rosenbeet, das von niedrigen Hecken umzirkelt ist.

Alternativen zu Hecken

Aufwendiger und teurer als Hecken ist eine Einfriedung aus Mauern, Holzzäunen oder Gittern. Sie muß zum Stil des Hauses passen und Größe und Proportionen der Gartenfläche angemessen sein. Hier sollte entsprechend dem Ortscharakter – ob Vorort, reine Wohnsiedlung oder Kernbezirk – die Einfriedung in gärtnerischer oder städtischer Art ausgeführt werden. Innenbezirke und Gründerzeitviertel sind von Gittern auf Sockeln, gegliedert durch Pfeiler, eventuell ergänzt mit Hecken, geprägt. Dagegen überwiegen Holzzäune und Hecken in Wohnsiedlungen.

Gartenzäune

Die heute verwendeten Gartenzäune sind eine Verfeinerung der altbekannten Feldzäune. „Die Kunst des Zaunes" ist ein Ergebnis der Bauernkunst und Teil der Kulturlandschaft. Die Bezeichnung eines Gartenzaunes erfolgt nach der Stärke und der Anordnung von Hölzern – ob senkrecht, waagrecht oder in der Diagonale – wie auch nach der Qualität des verwendeten Materials, und ob das Holz lediglich in Längen geschnitten oder ob es in entsprechend geregelten Breiten, Stärken und Längen im Sägewerk geschnitten wurde. Die Einteilung der Holzzäune kann nach dem Grad der Bearbeitung erfolgen: einfache Minimalbearbeitung in ländlichen Gegenden, aufwendige, verzierte Holzzäune in dichter besiedelten Orten.

Die Bandbreite der verschiedenartigen Gartenzäune ist dabei groß. Man unterscheidet zwischen:

- Staketenzäunen (ungeschälte oder geschälte Rund- und Vollhölzer von fast gleicher Stärke, die in gleicher Länge geschnitten werden)
- Spaltzäunen (geringfügig unterschiedlich breite, gespaltene Latten)
- Schwartenzaun (Zwischenstufe vom Staketen- zum Spaltzaun)

- Lattenzaun (größte und bekannteste Gruppe der Zaunformen, geeignet für ländliche wie auch städtische Umgebung. Die Varianten reichen dabei von der einfachen, naturbelassenen Latte bis zum gestrichenen, durchgestylten Zaun samt Pfosten und Sockel).
- Bretterzaun (bestehend aus drei oder fünf gesägten oder gehobelten Brettern)
- Verschrägten Zäunen (diagonal oder rautenförmig genagelte Latten)
- Jägerzaun (voll- oder halbrund, geschälte oder ungeschälte Hölzer werden über Kreuz aneinandergenagelt)
- Spalierzaun (aus einzelnen quadratischen oder rechteckigen Feldern, gefüllt mit diagonal verlaufenden Latten).

Flechtzaun

Die wohl älteste Zaunform sind Flechtzäune, eine Entwicklung des Lebhags (Lebende Hecken). Der Flechtzaun wurde aus abgeschnittenen, geraden Längen von Ästen und Zweigen als flächiges Zaunfeld am Einsatzort zusammengeflochten oder nur gebunden.
Die Muster waren regional unterschiedlich, von locker bis dicht. Es wurden Weide- und Haselruten, beides gerade, biegsame Hölzer, grün (frisch geschnitten) verwendet. Hauptsächlich als Umfriedung des Gemüsegartens oder der Weide sind sie heute nur noch in einigen ländlichen Gegenden zu finden.

Gitter

Gitter in ihrer rhythmischen Abfolge von Stäben haben eine starke ästhetische Ausstrahlungskraft, sie symbolisieren Reichtum, Permanenz und Macht. Für Kinder sind sie ein reizvolles Spielzeug zum Besteigen, Dranhängen und Durchschauen. Daher muß man sich der Gefahren im Bereich eines Gitters bewußt sein. Der Abstand zwischen den senkrechten Stäben sollte nicht mehr als 12 cm betragen, damit der Kopf eines Kindes nicht durchpaßt und darin steckenbleiben kann. **Optisch verschönern lassen sich Gitter durch Hecken oder lockere Strauchgruppen.**

links: Eine farbliche Note: blaue Gitter mit Pfeiler.

rechts: Senkrecht geflochtener Weidenzaun in einem Waldgarten.

Beleuchtung

Die Beleuchtung im Garten spielt eine nicht unerhebliche und doch zunächst eher vernachlässigte Rolle. Im Sommer steigert sie den Freizeitwert, indem sie den Aufenthalt im Freien noch lange nach Anbruch der Dunkelheit erhellt. Der Garten wird somit zu einem Bestandteil der häuslichen Wohnfläche. Im Winter, wenn sich viele Menschen durch die kurzen hellen Stunden des Tages im Haus eingeengt fühlen, ermöglicht die Beleuchtung schon mit wenigen kleinen Strahlern für Glühlampen den Blick hinter das Fenster in den Garten. Auf diese Weise können sich Gartenbesitzer an zwei Gärten erfreuen: dem Garten am Tage mit seinen vielen Abwechslungen und dem Garten bei Nacht mit den nur durch das künstliche Licht hervorgehobenen Einzelszenen.

Künstliches Licht vermittelt aber nicht nur Schönheit und romantische Abendstimmung, sondern es dient auch der Sicherheit. Zum einen ermöglicht es, sich auch nach Anbruch der Dunkelheit sicher in allen Bereichen rund um das Haus zu bewegen. Zum anderen schützt es aber auch das Eigentum.

Licht ist daher auch außerhalb des Hauses wichtig: am Hauseingang, auf dem Weg zur Garage, am Kellereingang und auf der Terrasse.

So verschieden die zu beleuchtenden Punkte am Haus und im Garten sein können, so vielfältig sind auch die Lampen- und Leuchtenarten, die angeboten werden.

links: Stimmungsvolle Beleuchtung für Garten und Terrasse, die an lauen Sommerabenden zu langem Aufenthalt im Freien einlädt.

Der erste Schritt ist in der Regel der in den Fachhandel, um sich über die Form der Leuchte und natürlich den Preis zu unterrichten. Dabei sollte man wissen, daß hier zwischen Leuchte und Lampe unterschieden wird. Die Leuchte mit der Fassung ist der Träger und die Lampe der Erzeuger des künstlichen Lichts.

Bevor die Montage einer Gartenleuchte erfolgt, muß das Kabel für die Stromversorgung in die Erde eingelegt werden. Diese Tätigkeit sollte von einem Fachmann, dem Elektriker, durchgeführt werden. Erfolgt diese Tätigkeit im Zuge der letzten Arbeiten zur Fertigstellung des Baus, dann ist der Arbeitsaufwand relativ gering, weil die bereits vorhandenen Maschinen eingesetzt werden können. Die Verlegung des Kabels sollte in frostfreier Tiefe – je nach Gegend etwa 60 bis 100 cm – und in den aufgefüllten Bereichen mit ausreichender Zugabe erfolgen, da der Boden über längere Zeit noch sackt.

Können die Kabel jedoch erst nach Fertigstellung des Planums und der Bepflanzung verlegt werden, ist die Mühe wesentlich größer, und die Kabel gelangen dann unter Umständen nur noch 30 cm unter die Erde. Damit steigt allerdings die Gefahr, Kabel mit Gartengeräten zu beschädigen. Aus diesem Grund sollten flach verlegte Kabel mit Kabelsteinen abgedeckt werden. Die Verlegung unter Platten, etwa im Verlauf eines Weges, ist hier hilfreich.
Ortsfest montierte Leuchten müssen auch einen gelegentlichen Stoß, wie bei der Gartenarbeit, aushalten. In diesem Fall ist es immer empfehlenswert, neben einer sicheren Befestigung auf einem Fundament, den Leuchtenfuß der Lampe zu schützen. Bei Verwendung von Strahlern und Kleinscheinwerfern mit einem Erdspieß hat man das Problem mit der Leuchtenbefestigung nicht.

links: Leuchte am Rand eines Teichs, die sich für den Betrachter im Wasser spiegelt. Sie sollte nur mit Lampen betrieben werden, die nicht zu hell sind.

rechts oben: Steckdosenspieß zur Stromzufuhr, wenn die Kabel nicht in die Erde verlegt sind.

rechts unten: Der Phantasie sind keine Grenzen gesetzt: Leuchte im japanischen Stil.

Gerichtetes Licht für effektvolle Beleuchtung im Garten

Anstrahlung ist im Außenraum die effektvollste Beleuchtung. Sie bringt nicht nur Sicherheit, sondern auch das heitere, mitunter mystische Erleben der lichtgeteilten Nacht. Wie jedes Bühnenspiel sich erst durch inszeniertes Licht zur vollen Wirksamkeit entfaltet, so verlangt auch das nächtliche Gartenbild eine geplante Regie des Lichts.

Wenn die Gestaltung eines Gartens noch nicht feststeht, sollte ein Plan erstellt werden, aus dem die Anschlüsse für die Fortführung von Kabeln in den Garten hinein und die Leitungsführungen im Bauwerk selbst zum Setzen von Schaltern und Dimmeinrichtungen hervorgehen. Wichtig ist dabei die Überlegung, ob Bauwerk, Grünanlagen und Freiplätze nur aus Gründen der Sicherheit oder Ästhetik oder aus beiden Gründen beleuchtet werden sollen. Wenn der Elektriker dann kommt, erwarten den Gartenbesitzer nur noch geringe Kosten. Eine nachträgliche Installation unterbleibt oft und kostet, wenn sie doch erfolgt, nicht selten das Fünffache.

links: Ein angestrahlter Baum oder Teile von ihm wirken um so eindrucksvoller, je dunkler der Hintergrund ist.

rechts: Das Licht einer Halogen-Metalldampflampe läßt das Laub stark leuchtend, fast smaragdfarben erscheinen. Es hebt sich deutlich vom Grün ab und vermittelt einen Hauch von Herbst.

Sicherheitslicht

Mit Sicherheitslicht ist das Licht zum Schutz von Haus und Grund vor allem gegen Einbruch und Diebstahl gemeint.

Werden Objekte nicht bewacht oder vorübergehend nicht bewohnt, so ist die Beleuchtung in helligkeitsabhängiger Dauerschaltung zweckmäßig.

Die helligkeitsabhängige Steuerung der Beleuchtung übernimmt ein Dämmerungsschalter, der sie mit Beginn der Dunkelheit automatisch anschaltet und mit wiederkehrender Helligkeit ausschaltet. Diese Schalter sind nützlich, wenn Sicherheitslicht die ganze Nacht brennen soll. Soll das Licht nur bis Mitternacht brennen, empfiehlt sich der Einbau einer Schaltuhr. Alle kritischen Punkte müssen dabei so beleuchtet werden, daß nicht nur der psychologische Schutz-Effekt, sondern auch der wahrscheinliche Effekt eintritt, daß ein Nachbar selbst aus größerer Entfernung einen ungewöhnlichen Vorgang genau beobachten kann. Dabei ist durch die Wahl des Standortes für einen Strahler oder Scheinwerfer die überdimensionierte Schattenbildung auf einer Wand besonders wirkungsvoll. Eine hinreichende Sicherung der Leuchten vor Manipulation empfiehlt sich.

Bei dieser partiellen Beleuchtung ist darauf zu achten, daß das Innenleben des Hauses verborgen bleibt.

Das wird durch streifendes Licht entlang der Fassade erreicht. Die Fensterflächen erscheinen dann dunkel.

Bewegungsmelder

Eine ähnliche Funktion wie der Dämmerungsschalter erfüllt auch der Bewegungsmelder. Auch er schaltet sich automatisch ein. Auslöser hier ist jedoch nicht die Dämmerung, sondern eine Person: **Sobald jemand in eine Lichtschranke tritt, schaltet sich das Licht ein und geht nach einer bestimmten Zeit, die man individuell einstellen kann, wieder aus.** Bewegungsmelder tragen ebenfalls zur Sicherheit der Hausbewohner bei, da unerwünschte Gäste durch diesen unerwarteten Lichteinfall abgeschreckt werden können.

Ist ein Objekt ständig bewohnt und der Einsatz von Sicherheitslicht in Form der direkten Anstrahlung nicht erwünscht, so ist der Einsatz von Sicherheitslicht – z.B. durch Schaltung von innen bei Bedarf – zur Abschreckung und Beobachtung eine empfehlenswerte Alternative. In diesem Fall ist gerichtetes Licht vom Haus in das Umfeld hinein notwendig. Ungebetene Gäste können geblendet und vom Fenster aus beobachtet werden.

Wird der dekorativen Anstrahlung der Vorzug gegeben, dann sind einige Regeln zu beachten. Das Licht kann flutend von einer Stelle aus in den Garten scheinen – zentrales Licht – ,es kann aber auch von vielen Einzelpunkten aus Teile des Gartens beleuchten – dezentrales Licht.

links: Kombination aus Standleuchte und Wandleuchte.

rechts: Wandleuchte, in die sich auch gut ein Bewegungsmelder einbauen läßt.

Zentrales Licht

Wenn die Gartenanlage nicht so groß ist, kann die Beleuchtung von einer Stelle aus geschehen. Diese Art der Panorama-Beleuchtung ist durch die Konzentration hoher Lichtleistung in einem Punkt gekennzeichnet. Die Folge ist eine hohe Vorfeldhelligkeit, wodurch es zu einer Überstrahlung des Panoramas kommen kann. **Dieser Typ ist auch für spätere Nachinstallationen geeignet und vergleichsweise kostengünstig.**

Dezentrales Licht

Bei dieser Anlageart wird der gesamte Lichtstrom auf viele Einzelpunkte mit relativ geringem Lichtstrom verteilt. **Entscheidend für die Bewertung ist auch hier die Lichtrichtung, die zur Vermeidung von Blendung nicht entgegen der Blickrichtung eingestellt sein darf.**
Diese Art der Detailbeleuchtung ist durch eine geringe Lichtleistung in vielen Punkten gekennzeichnet. Überstrahlen wird durch das Wegfallen der Vorfeldhelligkeit vermieden. In der Regel handelt es sich bei dieser Anlageart jedoch um eine kostenaufwendige Installation. Wird sie später installiert, ist sie auch relativ arbeitsaufwendig.

links oben: Beleuchtete Wegeführung: So kann auch bei Nacht das Haus sicher erreicht werden.

links unten: Leuchten mit sehr begrenztem Lichtkreis sind dort einzusetzen, wo blendfrei ein Hindernis zusätzlich beleuchtet werden muß.

rechts: Sockelleuchte als Blickfang an der Pforte.

Leuchten an der Pforte

Leuchten an der Pforte sind am Tag eine Zierde und in der Dunkelheit sehr nützlich für den sicheren Zugang zum Haus. Hohe lichttechnische Forderungen werden selten gestellt. Eine frei in einem Laternenkörper brennende Glühlampe kann schon ausreichen. Es können jedoch sehr unterschiedliche Leuchten eingesetzt werden, wie auch die Auswahl der Leuchten, die den Zugang zum Grundstück beleuchten, enorm ist. Besonders wirkungsvoll sind große Gartenleuchten, die man in einer Höhe von oft bis zu 2 Metern kaufen kann. Sie beleuchten einen Umkreis von bis zu 10 Metern. Diese Leuchten verschönern auch am Tag den Eingangsbereich des Grundstücks.

Selbst wenn das Licht von der Pforte bis zum Hauseingang reicht, auf das Licht an der Haustür kann nicht verzichtet werden. Fehlt dieses Licht, dann erscheint der Besucher ebenso wie der Hausbewohner, dem das Licht vom Flur in den Rücken scheint, als Silhouette. Beide Gesichter bleiben im Halbdunkel.

Licht am Hauseingang

Dem Licht am Hauseingang kommen vielfältige Nutzungsmöglichkeiten zu. In den ersten Morgenstunden wird die Zeitung gebracht. Wenig später verlassen die ersten Bewohner das Haus, um zur Arbeit zu gehen, am Abend kommen Freunde, in der Nacht sucht vielleicht ein Arzt nach der Hausnummer.

Dieses Licht gibt Sicherheit, gestattet Kommunikation und ermöglicht Orientierung. Licht und Leuchte verschönern den Eingang, am Tage durch die gestaltete Leuchte allein, in der Nacht durch den Schein des Lichts.

Der Hauseingang ist eine Art Verkehrszone, die Erfüllung von Funktionen wie guter Sichtbarkeit der Umgebung ist also vorrangig. Um Behinderungen – hauptsächlich durch Blendung – zu vermeiden, sind einige Punkte zu beachten.

Der Kauf einer Leuchte erfolgt weniger nach lichttechnischen Überlegungen, sondern mehr nach geschmacklichen Gesichtspunkten.
Für Leuchten mit klaren, durchsichtigen Abdeckungen werden vom Hersteller in der Regel klare Glühlampen empfohlen. Durch diese wird die Brillanz des Lichtes gefördert. In Lampen mit mattierten Abdeckungen werden Lampen in ebenfalls mattierter Ausführung empfohlen. Hier würde eine klare Lampe zur Bildung von Schlieren auf der matten Leuchtenoberfläche führen. Die Gefahr, durch eine klare Glühlampe geblendet zu werden, ist wesentlich größer als durch eine mattierte. **Leuchten am Hauseingang, falls dieser zur Straße weist, sollen auch Hausnummer und Namensschild beleuchten.** Das gelingt recht gut in einem Abstand von einem Meter, wenn die Schriftzeichen vom direkten Licht der Leuchte erreicht werden. Praktisch ist eine Kombination von Leuchte, Briefkasten und Namensschildern. Zum Schutz vor Regen sind Eingänge häufig mit einer Kragplatte überdacht. In diese können bei genügender Tiefe Leuchten eingebaut werden. Aufgrund der hohen Anbringung der Platte und bei ausreichender Breitstrahlung der Leuchten kann eine große Fläche absolut blendfrei beleuchtet werden. Beim Gießen der Kragplatte aus Beton hält man durch Kunststoffklötze die Öffnungen frei, in die später die Leuchten montiert werden. Für die Kabelzuführung sind Leerrohre erforderlich.

links: Beleuchtung am Hauseingang. Wird sie gegenüber der Haustür gesetzt, darf sie diejenigen, die das Haus verlassen, nicht blenden.
Gartengestalter: Wolfgang Barth, München.

Sind die Hauseingänge von der Straße aus gesehen seitlich oder hinter dem Haus angeordnet, dann empfiehlt sich aus Sicherheitsgründen für die dunklen Stunden Dauerlicht.

Beleuchtung von Treppen und Wegen

Ist das Anwesen etwas größer und werden die Wege häufig benutzt, kann es durchaus sinnvoll sein, diese nachts zu beleuchten. Nach Möglichkeit sollten die Strahler, ohne den Nachbarn zu stören, immer zur Grundstücksgrenze scheinen, um so das Unbehagen über Dunkelheit in der Tiefe des Grundstücks zu nehmen. Als Regel für den Abstand der Leuchten untereinander gilt: Je niedriger die Lichtpunkthöhe ist, um so eher muß die nächste Leuchte folgen. Wie groß die einzelnen Abstände dann wirklich gewählt werden, hängt von der Wegeführung, der Übersichtlichkeit des Weges, von Hindernissen und anderem ab. Höhere Gartenleuchten sollten bei übersichtlichem Weg nicht weiter als 25 m auseinander stehen.

Das Licht auf der Terrasse

Die Abende, an denen man die Terrasse bis in die Nacht hinein nutzen kann, sind in unseren Breitengraden leider nur auf eine kurze Zeit begrenzt. Deshalb sollte zur Verlängerung dieses Vergnügens auch dort elektrisches Licht vorhanden sein. Die einfachste Lösung bietet eine von innen schaltbare Steckdose, an der eine transportable Stehleuchte angeschlossen werden kann. Sie kann an verschiedenen Plätzen aufgestellt werden, stets weit genug weg vom Sitzplatz, um von Insekten nicht gestört zu werden.

Die Lösungen von ortsfest montierten Leuchten sind jedoch bequemer und auch sicherer in der Handhabung. Dabei stehen vier Möglichkeiten zur Wahl: Wandleuchten, Gartenleuchten auf einem Mast, Downlights im überhängenden Dach und Strahler.

Eine Terrassenbeleuchtung sollte gedämpftes Licht verbreiten, sie kommt aber nur dann zur vollen Geltung, wenn das Licht im angrenzenden Innenraum stark reduziert oder ausgeschaltet wird.

links: Standleuchte mit Steckdose auf der Veranda.

rechts: Auch am Tag eine Zier: dreiflammige Standleuchte in ländlicher Umgebung.

Balkone – Grüne Zimmer im Freien

Balkone (wie auch die anderen „Freisitze“ Loggien, Dachterrassen und Dachgärten) künden von der uralten Sehnsucht der Menschen nach Licht, Luft und Sonne. Allgemein versteht man unter dem Begriff eine vor dem oberen Geschoß eines Bauwerkes liegende Plattform, die von dort begehbar und durch eine Brüstung oder ein Geländer begrenzt oder gefaßt ist.

Ein Balkon erweitert die Wohnung ins Freie und lädt vor allem in der warmen Jahreszeit dazu ein, auch draußen zu wohnen. Nicht selten nur wenige Quadratmeter groß, verbindet er nicht allein das Drinnen mit dem Draußen, sondern schafft einen ganz besonderen privaten Raum zwischen Himmel und Erde. Ist dieser dann noch von Blättern und Blüten umrahmt und überwachsen, sprechen viele von ihrem „grünen Zimmer“.

links: Der Reiz der Farbe Lila: Nachtschatten, Springkraut und Fuchsie.

Hier findet je nach Größe der Frühstückstisch ebenso Platz wie ein Liegestuhl oder das Trockengestell für die Wäsche. Man kann ungestört sitzen und sich sonnen, feiern oder speisen, faulenzen oder arbeiten, gärtnern oder spielen – oder auch nur neugierig das beobachten, was in der Nachbarschaft so alles passiert. Balkone lassen teilhaben am sozialen Leben auf der Straße oder in der Umgebung, ohne den Schutz der Privatsphäre verlassen zu müssen.

In welchem Maße der Balkon wirklich zum „grünen Zimmer" wird, hängt allerdings von einer günstigen Anordnung (gute Zuordnung zu den Wohnräumen, ausreichende Dimensionierung und Raumtiefe, eine besonnte, möglichst ruhige Lage) und eigenen Maßnahmen (Bepflanzung, ausreichender Schutz vor Einblicken sowie Wind und Wetter) ab.

links oben: Lauschiger Sitzplatz mit Panoramablick hoch über den Dächern der Stadt.

links Mitte: Ein schönes Beispiel dafür, wie ein Balkon das „Gesicht" eines Hauses verändern kann: in diesem Fall mit Petunien, Pelargonien und Zweizahn.

links unten: Garantiert länger spielen – ein Sandkasten auf dem Balkon macht´s möglich.
Planung: Anke Bertram, Hannover.

rechts: Ein individuelles Refugium mit südlichem Flair: die gepflasterte Dachterrasse mit zahlreichen Kübelpflanzen, Stauden und Gehölzen.
Planung: Wolf Eglinger, München.

Feuchtigkeit und Gewichtsverteilung

Grün in luftiger Höhe bringt vor allem bei den größeren Freisitzen zwei wesentliche Probleme mit sich: Gewicht und Feuchtigkeit. Auf einem Balkon allerdings ist die Lage auch für einen Laien noch überschaubar. Feuchtigkeitsprobleme gibt es eigentlich nur auf dem darunterliegenden Balkon durch zu heftiges Gießen, und dem ist durch große Untersetzer abzuhelfen.

Normalerweise sind Balkone statisch so berechnet, daß neben dem höchstmöglichen Personengewicht noch Mobiliar und Pflanzen berücksichtigt werden. **Hat man eine Begrünung vor, die größere Kübel erfordert, sollte man sicherheitshalber einen Statiker befragen.** Generell ist es ratsam, Belastungen eines Balkons dort vorzunehmen, wo sich im Gebäude tragende Konstruktionen befinden oder in deren Nähe.

Sonnen- und Windschutz

So wichtig die Besonnung für Balkone in unseren Breiten ist, so wichtig ist auch ein wirksamer Sonnenschutz für heiße Sommertage. Neben dem klassischen Sonnenschirm, mittlerweile längst auch in quadratischen und rechteckigen Formaten erhältlich, bieten sich dafür unter anderem Markisen auf Scheren oder Knickarmen, Rollos zum Ziehen oder Sonnensegel zum Spannen an. Je größer diese sind, um so besser sollten sie allerdings gegen Wind gesichert sein. Überhaupt können Wind und Zugluft bisweilen die Nutzung hochgelegener Freisitze beeinträchtigen. Dem läßt sich oft schon mit einer wetterfesten Bespannung der Geländer abhelfen, notfalls auch mit geschoßhohen Glasscheiben oder Windblenden.

links: Windgeschützt und trotzdem mit Durchblick – wie auf dieser Dachterrasse – kann eine Glasscheibe auch Balkone wohnlicher machen. Architekten: Brigitte und Martin Streb, Hamburg.

rechts oben: Das weiße Zeltdach hinter dem zierlichen, von Wildem Wein überwachsenen Geländer schafft ein Zimmer mit Aussicht. Landschaftsarchitekt: Bernd Weigel, Baden-Baden.

rechts Mitte: Der klassische Sonnenschutz auf einem Stadtbalkon.

rechts unten: Sonnensegel und Wisterien lassen den Balkon laubenartig erscheinen.

Sichtschutz

Sind Balkone vollständig einsehbar, werden sie kaum zum intensiv genutzten Wohnraum unter freiem Himmel avancieren. Um zumindest Teilbereiche vor unerwünschten Einblicken zu schützen, bieten sich dort Aufbauten wie etwa Pergolen oder Spaliere an. Vor allem Spaliere können intime Nischen und Räume schaffen, ohne wirklich zu trennen. Sie lassen sich aus vielerlei Materialien, vor allem aber Holzleisten und -latten, auf die jeweilige Situation abgestimmt herstellen und bieten – ob nun bepflanzt oder nicht – zudem einen attraktiven Wind- oder Sonnenschutz.

Pflanzenauswahl

Pflanzen brauchen zum Leben immer Sonne und Luft, Wasser und Erde. Sonne und Luft haben sie auf dem Balkon meist in Hülle und Fülle, Wasser nur hin und wieder und Anschluß zum natürlichen Boden gar nicht. Geeignet und unproblematisch sind Pflanzen, die mit ihren Ansprüchen auf diese Überfluß-Mangel-Situation eingestellt sind. Ein schönes Beispiel ist der Dachwurz und seine Verwandten aus der Famile der Crassulaceen (Dickblattgewächse), die mit extrem wenig Erde auskommen, in ihren verdickten Blättern Wasser speichern und so der Austrocknung durch Wind und Sonne hartnäckig trotzen. Auch vom Wind herangetragene Sämlinge von Birken, Weiden und Schmetterlingsstrauch, von Weidenröschen und Löwenmaul demonstrieren zähen Pioniergeist, wenn es gilt, auch kleinste Ritzen in Putz und Mauerflächen selbst in den höheren Ebenen der Stadtlandschaft zu besiedeln. Für die Belebung eines Balkones wären beide Pflanzengruppen jedoch ein zu schmales Sortiment, zumal sich die Pioniere im gutgedüngten und gewässerten Topf nicht unbedingt wohler fühlen als an ihren selbstgewählten Plätzen.

links oben: Von weißlackierten Stützen rhythmisch gegliedertes Spalier aus schmalen Holzlatten.

rechts: Schnellwachsende Kletterpflanzen können nicht nur die Hausfassade zur Gartenlaube werden lassen...

links unten: ...sondern auch mit der Zeit für natürlichen Sonnen- und Sichtschutz sorgen! Architekten: Per Krusche und Rudolf Meißner.

Sucht man also nach Alternativen, sollte man sich die geplanten Pflanzplätze sorgfältig daraufhin ansehen, wie stark sie von Wind und Wetter beeinflußt werden, wann und wie lange die Sonne sie erreicht, ob Wände die Sonne reflektieren und Regen dorthin fallen kann. Zur Auswahl gehört aber auch die Überlegung, was auf dem Balkon gemacht werden soll: sonnen, lesen, basteln, frühstücken oder den Blütenwettbewerb mit den Nachbarn aufnehmen, Gemüse oder Obst ziehen – oder von allem ein bißchen.

Wichtig ist der Mut zum Versuch **– die Standard-Balkonkastenbepflanzung mit Pelargonien oder Zwergkoniferen muß es wirklich nicht sein.** Die in der Gärtnerei oder auf dem Wochenmarkt erhältliche Auswahl an Einjahresblumen erfährt von Jahr zu Jahr vielfältigen Zuwachs. Aber auch die altbekannten Einjahresblumen und Zweijährigen des Gartens sowie viele Stauden und Gräser sind für Balkone geeignet. Ungewohnt ist zuerst die lebhafte, hohe und oft filigrane Struktur. Die Windempfindlichkeit ist dabei meist erhöht. Auch die Blühphasen sind – besonders bei Stauden – eher kürzer. Dafür entschädigen aber Laubaustrieb, Herbstfärbung und überwinternde Fruchtstände.
Die im Anhang aufgeführten Pflanzenarten und -sorten stellen nur eine kleine Auswahl dar.

links: Kokardenblume, Oleander, Nachtschatten und Portulakröschen sorgen für einen farbigen Feierabend.

rechts oben: In der Abendsonne leuchten Chrysanthemen, Petunien, Cosmea, Lotus und Harfenstrauch für den Ruhesuchenden.

rechts unten: Einfach die Seele baumeln lassen... hier zwischen Zypergras, Kiwis sowie Echtem Wein.

Boden

Die Auswahl der richtigen Pflanzenerde ist die Basis für ein gutes Gedeihen der Balkonpflanzen.
Die angebotenen Blumenerden bestehen zum großen Teil aus Torf oder Rindenmulch mit Ton- und Düngerbeimengungen.

Die wichtigsten Anforderungen an Pflanzenerde sind:

- geringes Gewicht
- ausreichende Stabilität gegen Verdichtung
- ausgeglichener Wasser-Luft-Haushalt
- langfristig verfügbare Nährstoffreserven
- ausreichende Pufferfähigkeit gegen pH-Veränderungen und zeitweilige Über- oder Mangeldüngung.

Um diese Eigenschaften zu erreichen, sollte man im Garten Vorhandenes (z.B. Gartenerde, Kompost, Sand) mit verschiedenen Substanzen mischen.

Hier einige Beispiele:

- Blähtonbruch: strukturverbessernd, wasserspeichernd
- Kies: dränierend, aber hohes Gewicht
- Rindenkompost: verbessert Humus- und Wasserhaushalt
- lehmige Erde: erhöht die Nährstoffspeicher- und Pufferkapazität
- Tonminerale („Bentonit"): verbessern die Wasserhaltekraft, die Nährstoffspeicherung, die Bodenstruktur und fördern das Bodenleben
- Organische Dünger pflanzlicher oder tierischer Herkunft (z.B. Rizinusschrot, Blut- und Hornmehl): bieten ein langsamfließendes Nährstoffreservoir und verbessern die Bodenstruktur

Als Faustregel für eine Durchschnittsmischung könnte gelten:

- Etwa 3/4 Mischung aus Erde, Kompost, Rindenhumus, lehmiger Erde und anderem.
- 1/4 strukturverbessernde Anteile wie Blähton, Sand, Kies, Lava und andere.

Die Mengen für Ton- und Steinmehle sowie organische Dünger sind relativ gering, zum Beispiel für organischen Langzeitdünger 3-5 g/Liter.

Vor dem Befüllen des Pflanzgefäßes sollte man die Abzugslöcher mit Tonscherben abdecken, eine ausreichend dicke Dränschicht aus Blähton oder Kies anlegen und diese mit einem wasserdurchlässigen Kunststoffvlies abdecken. Die Dränageschicht verhindert Staunässe und damit Versauerung des Bodens und Schädigung der Pflanzenwurzeln.

Pflanzung

Das Pflanzen von Stauden und Gehölzen mit Topf- oder Wurzelballen birgt wenig Schwierigkeiten, da sie ja ein entwickeltes Wurzelwerk mitbringen. Es sollten in jeden Fall alle Umhüllungen entfernt und Feinwurzelfilze, die sich am Topfrand gebildet haben, gelockert werden. Pflanzen mit freiliegenden Wurzeln bedürfen größerer Aufmerksamkeit: Die Wurzeln dürfen nicht austrocknen, sie müssen zurückgeschnitten werden, um die Bildung von Feinwurzeln anzuregen, die im beengten Milieu des Topfes doppelt wichtig für die Nährstoff- und Wasseraufnahme sind. Unter Umständen muß eine schlecht bewurzelte Pflanze mehrmals umgepflanzt und an den Wurzeln beschnitten werden, um dieses Feinwurzelwachstum zu fördern. Gleichzeitig muß auch immer ein Rückschnitt der oberen Teile erfolgen, um das Gleichgewicht zwischen „oben und unten“ herzustellen.

Es ist wichtig, neugesetzte Pflanzen in den ersten Tagen und Wochen aufmerksam zu betreuen, gut zu gießen und nicht zu sehr Wind und Sonne auszusetzen.

Gießen

Wasser gibt es meist zu wenig auf Balkonen – die Pflanzen müssen also regelmäßig, an heißen oder windigen Tagen sogar kräftig gegossen werden. Eine Arbeitserleichterung ist dabei jede Art von Speicher, sei es der Untersetzer unter dem Blumentopf oder der doppelte Boden im Balkonkasten, aus dessen Reservoir die Pflanzen über Dochte oder Filzstreifen aufsteigendes Wasser erhalten. **Die Verwendung von oft zu kalkhaltigem Wasser kann durch die Nutzung von Regenwasser verringert werden.**

Ein größeres Problem stellt längere Abwesenheit dar. Will man sich nicht auf elektronisch gesteuerte Automatik verlassen, müssen Nachbarn oder Freunde „ran“, denen man im Gegenzug den gleichen Gefallen tun kann. Der Gießdienst kann erleichtert werden durch Wasserreservoirs und große Untersetzer, durch das Zusammenrücken von Pflanzen mit ähnlichem Durst, zusätzliche Beschattung und Windschutz und dadurch herabgesetzte Verdunstung. Besonders die Verdunstung durch die Töpfe selbst kann durch Mulchen mit Rindenkompost, Laub oder Lava sowie das Abdecken von Tontöpfen verringert werden.

Pflanzengesundheit

Auch bei der Pflanzengesundheit ist Vorsorge besser als Therapie. Dazu gehört die Auswahl geeigneter und gesunder Pflanzen und Sämereien sowie die Schaffung bestmöglicher Wuchsbedingungen. Trotzdem bleibt der „künstliche“ Wuchsort Balkon immer störanfällig, weil sich die ausgleichende und abpuffernde Wirkung einer vielfältigen natürlichen Umgebung nicht einstellen kann. Kommt es etwa zu einem stärkeren Blattlausbefall, so dauert es meist länger, bis sich ausreichend viele Marienkäfer dorthin „verirren“. **Die natürliche Schädlingsbekämpfung läßt sich beschleunigen, indem man von einem Spaziergang einige Marienkäfer oder Florfliegenlarven mitbringt.** Zur Vorbeugung gehört also ganz zentral die Förderung pflanzlicher Vielfalt, die tierische Vielfalt zur Folge hat. Sogenannte Nützlinge, die frühzeitig zur Stelle sind und sich von „Schädlingen“ ernähren, ersparen Eingriffe des Menschen. So ziehen blühende Wildstauden viele unterschiedliche Insekten an – ein wichtiger Grund, auch „Unkräuter“ wachsen zu lassen (Beispiel: Schwebfliegen suchen Doldenblütler auf, ihre Larven verzehren Blattläuse).

links: Kletter- und Topfpflanzen auf den Balkonen können der Fassade ein freundliches „Gesicht“ geben – vom Dach leuchten (von links) Sanddorn, Essigbaum, Ahorne und ein Wacholder in der Herbstsonne.
Planung: Wolf Eglinger, München.

Da Balkone verhältnismäßig überschaubare Räume sind, kann auch das Absammeln und Abstreifen von „Schädlingen“ eine sinnvolle Methode sein und beim abendlichen Rundgang nebenbei erfolgen. Auch das Abduschen ist wenig aufwendig und umweltverträglich, ebenso die Anwendung von Pflanzentees, -brühen und -jauchen, die neben tierischen auch pflanzliche „Schädlinge“ bekämpfen.

Überwinterung

Pflanzen in Töpfen und Pflanzkübeln haben im Winter zwei gefährliche Feinde – die Austrocknung und das Durchfrieren. Im Winter geben sie im besonderen Maße Wasser und Wärme ab, ohne daß eine Nachlieferung geschieht. Besonders stark ist der Auskühlungseffekt bei kleinen Töpfen, da sie kaum Wärme gespeichert haben. Gut leitende und dichte Materialien (Metall, Beton) beschleunigen die Auskühlung noch. Schädigend wirkt auch häufiges Durchfrieren und Auftauen im Herbst und Frühjahr. Aus diesen Tatsachen lassen sich die wichtigsten Überwinterungshilfen ableiten:

- Die Gefäße immer möglichst dicht zusammenrücken.
- Am besten wind- und sonnengeschützte Stellen wählen.
- Gegen Auskühlung die Gefäße dicht an die Hauswandrücken und/oder an eine Stelle, unter der beheizte Gebäudeteile liegen.
- Nach allen Seiten isolieren, z.B. dicke Lagen Zeitungen unter den Gefäßen, Auffüllen der Zwischenräume, etwa mit Laub, seitlich und oben Stroh, Laub, Strohmatten, alte Decken oder ähnliches.
- Mehrere kleine Gefäße in einem größeren in Erde oder Sand setzen.
- Wässern während frostfreier Perioden, besonders wichtig bei Immergrünen, die ja Wasser auch im Winter verdunsten.

rechts: Im Sommer ein Traum, im Winter ein Problem: ein Zitronenbaum lohnt aber die Mühe, ihn winterfest zu machen.

Der ländliche Garten

Für die Gestaltung eines Hauses und eines Gartens auf dem Land gelten meist andere Kriterien als in der Stadt oder in einem städtischen Vorgarten. Das Bauland ist hier in der Regel günstiger, die Grundstücke daher meist erheblich größer. Für die Gestaltung eines Gartens ergeben sich damit ganz neue Perspektiven.

Die Architektur ist und wird dem ländlichen Charakter angepaßt. Bei einem alten Bauernhaus ist dies vorgegeben, bei neuen Gebäuden herrscht der Landhausstil vor. Aber auch bei ganz modernen Häusern übernehmen die Architekten Stilelemente der regionalen ländlichen Architektur und setzen sie zeitgemäß um. Ländliche Dachformen, Holzfenster mit Sprossen und Schlagläden, Fachwerk, um nur einige Stilelemente zu nennen. Diese Formensprache sollte sich dann auch in der Gestaltung des Gartens niederschlagen. Die Materialien für Wege, Stufen und Treppen wie auch für die Ausstattung müssen dem ländlichen Charakter entsprechen.

Generell soll ein Garten in ländlicher Situation aber nicht nur dem Gartenbesitzer, sondern auch der Umgebung dienen.
Bei von Städtern umgebauten Bauernhäusern besteht jedoch nicht selten die Gefahr, zuviel des Guten zu tun. Da strotzt es nur so vor Kopfsteinpflaster, alten Futtertrögen, hölzernen Wagenrädern und bepflanzten Schubkarren. **Daher ist gerade bei einem ländlichen Garten das richtige Fingerspitzengefühl wichtig.**

links: Ein ländlicher Garten, der Gartenbesitzer und Besucher zum Schauen und Verweilen einlädt.

„Nostalgiker“ können sich durchaus einen traditionellen ländlichen Garten schaffen, nur – es darf eben nicht zuviel sein. Bedingung dafür ist meist eine sonnige Lage, da viele alte Bauerngartenpflanzen diesen Standort bevorzugen.

Für Wege, Stufen und Treppen aus Naturstein empfiehlt es sich, auf regional verfügbare Materialien zurückzugreifen. Wo Klinker hergestellt wird, wie zum Beispiel am Niederrhein oder in Westfalen, läßt sich dieses Material gut einsetzen, da es dort auch landschaftlich hinpaßt. Kieswege gerieten lange Zeit in Vergessenheit, weil sie relativ pflegeintensiv sind. Dennoch stellen sie ein altbewährtes und preiswertes Wegematerial im ländlichen Garten dar. Hauptwege können aus Platten, Pflaster und Klinker, bzw. aus Kombinationen daraus bestehen, Nebenwege aus Kies, Rindenmulch oder Gerberlohe. Diese Materialien werden von Ungeziefer eher gemieden. Rosenkugeln lassen sich auf Holzstäben vereinzelt in die buchsumsäumten Rabatten stecken.

Die wichtigste Rolle beim Garten auf dem Land stellt natürlich die Bepflanzung dar. **Viel Arbeit läßt sich sparen, wenn der Garten in seinem Pflanzenkonzept nicht allzuweit von der Landschaft entfernt ist, die ihn umgibt.** Wenn Pflanzen im Garten verwendet werden, die auch vor dem Zaun wachsen oder in der umgebenden Landschaft vorkommen, so kann man davon ausgehen: „Was paßt, wächst von alleine“ (Zitat Dieter Wieland, Peter M. Bode, Rüdiger Disko, Grün kaputt, S. 32).

Fügt sich ein Garten mit seinen Elementen in die Landschaft ein, verwendet er bodenständige oder angepaßte Pflanzenarten und hält sich mit fremdländischen, nur unter schwierigen Bedingungen anzusiedelnden Pflanzengesellschaften zurück. So wächst vieles von selbst und benötigt nicht die stete Pflege – verbunden mit der Angst, es könnte eine wertvolle Rarität sich nicht zur vollen Pracht entwickeln oder eingehen.

links oben: Rankbogen mit Waldreben als Eingang zum ländlichen Garten.

links unten: Staudenrabatte und Holzzaun als Abgrenzung des Vorgartens an einem Reetdachhaus in Norddeutschland.

rechts: Kübelpflanzen, Sommerblumen und Terrakotta-Figuren laden zum Sitzen ein.

Azaleen und Rhododendren bedürfen etwa im süddeutschen Raum einer aufwendigen, großflächigen Bodenverbesserung, um voll zur Wirkung zu kommen.
In den Torfgegenden Norddeutschlands wachsen sie wesentlich unproblematischer, da sie dort ähnliche Bedingungen wie in ihrer Heimat vorfinden.

Obstbäume, schöne alte Bauernpflanzen wie Hortensie, Buchsbaum und Flieder, Stauden, Sommerblumen und Kübelpflanzen lassen sich auch und gerade heute zeitgemäß verwenden. Eine Sitzbank aus Holz oder Stein, Kübel aus Eichenholz mit Eisenringen für Oleander und Bleiwurz erzeugen sofort eine ländliche Atmosphäre.

Der Garten zu einem am Ortsrand gebauten Einfamilienhaus läßt sich mit Gehölzen, Stauden, Rankpflanzen und Gräsern an die ländliche Vegetation anpassen.

Es gibt eine ganze Reihe von Sträuchern und Kleinbäumen, die sich für den Übergangsbereich vom Garten zur Landschaft eignen, wie Haselnuß, Holunder, Flieder oder Eberesche. Die Gehölze werden in landschaftlichen, zwei- bis dreireihigen Pflanzungen meistens als zweimal verpflanzte Jungpflanzen verwendet. In den ersten zwei bis drei Jahren muß die Neupflanzung von Wildkrautwuchs freigehalten werden, um den noch kleinen Pflanzen eine Wachstumschance zu geben. Danach entwickeln sich die Bestände von selbst und ohne jegliche Pflege. Erst im Alter bzw. im Zustand des Überalterns muß ein Rückschnitt erfolgen oder das Gehölz ausgeschnitten werden, um Blickrichtungen wieder freizulegen.

links oben: Stockrosen gehören zu den ältesten und beliebtesten Bauerngartenpflanzen, hier markieren sie mit einem pilzförmigen Blumenschalen-Sockel den Eingang.

links unten: Die geschnittene Hecke und die originellen Buchsbaumvögel setzen die Symmetrie des Hauses im Garten fort.

rechts: Staudenbeet mit Rittersporn, Margeriten, Schleierkraut und Nelken.
Landschaftsarchitekten: Rüdiger Weddige und Kai Westerburg, Hannover.

Ist das Dorfbild von Obstbaumwiesen geprägt, läßt sich dies im Grundstück fortsetzen. Bäume wie Esche, Ahorn oder Linde können im Garten wiederkehren. Wirkt die umgebende Feldflur von der Vegetation her eher ausgeräumt, trägt eine neugepflanzte Hecke aus Bäumen und Sträuchern nicht nur zum Sicht- und Windschutz des Gartens bei, sondern auch zur Aufwertung des Landschaftsbildes und der Ökologie.

Auch ein Teich läßt sich gut in den ländlichen Garten einfügen und sollte in Form und Bepflanzung landschaftlich an die Umgebung angepaßt sein. Wasser und Wasserrandpflanzen beleben entsprechend der natürlichen Uferzonierung den Teichrand und das Gartenerlebnis im Grundstück.

Treppenaufgänge, Mauervorsprünge und Garagenwand lassen sich mit Efeu, Kletterhortensie, Geißblatt und Wildem Wein beranken.

Schließlich gibt es in abgelegenen Gartenbereichen auch Flächen, die sich selbst überlassen werden können, so daß sich die sogenannte Ruderalflora im Hausgarten einstellen kann.

Die Wiese in der unmittelbaren Umgebung des Hauses sollte mit Gebrauchs- und Spielrasen angesät werden, während für die Ansaat der Obstwiese auf einer zuvor als Acker genutzten Fläche eine landwirtschaftliche Mischung verwendet werden kann. Das Gebrauchsrasengut enthält mehr trittfeste Grasarten, wie etwa das deutsche Weidelgras, als eine Wiesenmischung. So muß der von der Benutzung her stärker belastete Rasen am Haus ca. alle 2-4 Wochen und die Wiese zweimal im Jahr gemäht werden.

links: Üppig bepflanzter ländlicher Vorgarten für Staudenliebhaber.

Beete

Besonders wichtig im Bauerngarten ist die Beeteinfassung. Sie bildet den eher strengen Rahmen für eine darin wachsende üppige Bepflanzung. Die Einfassung spielt somit eine tragende Rolle der Anlage und stellt den ruhenden Gegenpol zur Bepflanzung dar. Es ist daher von Vorteil, für die Beeteinfassung nur Pflanzen derselben Art zu verwenden. Traditionell ist dies der Zwergbuchsbaum, der schwachwüchsig ist, anpassungsfähig und meist sehr alt wird. Auch im Winter, wenn die Innenbepflanzung verblüht ist, sieht der Buchsbaum immer noch gut aus, da er immergrün ist. Denkbar sind aber auch Einfassungen aus niedriger Berberitze, aus Stauden wie Lavendel oder Schleifenblume sowie aus Tausendschön und Vergißmeinnicht.

Für die Bepflanzung der eingefaßten Rabatten gibt es die verschiedensten Möglichkeiten:
Sommerblumen, Stauden, Rosen mit dazu passenden Stauden oder Sommerblumen, Gemüse, Küchenkräuter und Blumenzwiebeln.

Kombinationen wirken besonders schön, wenn sie in Blütezeit und Blütenfarbe aufeinander abgestimmt sind. Für den Frühsommer können Rosen und sommerblühende Stauden mit Blumenzwiebeln wie frühen Narzissen und Tulpen unterpflanzt werden. Statt Stauden lassen sich Rosen aber auch mit Küchenkräutern wie Salbei, Beifuß oder Zitronenmelisse kombinieren. In die Sommerblumenbeete kann man Dahlienknollen setzen.

Obstbäume

Im Frühjahr erfreuen Obstbäume den Gartenbesitzer mit ihrer Blüte, im Sommer dienen sie als Schattenspender, Spätsommer und Herbst bringen die Ernte.

Obstbäume erfordern entweder sehr viel oder sehr wenig Pflege – je nach Betrachtungsweise. Sieht man bei der Obsternte vor allem den angenehmen Nutzen, wird man hier weniger von Arbeit sprechen. Wird nicht der gesamte Jahresertrag geerntet, kommt das am Baum verbleibende Obst den Vögeln und Insekten zugute.

Der Obstbaumschnitt bedeutet freilich einen Pflegegang, der gekonnt sein muß. Verzichtet man auf einen regelmäßigen Schnitt, so kann das unter Umständen zu einer geringeren Obsternte und schwächeren Einzelexemplaren führen. Andererseits aber auch zu einem malerischen, weniger von Menschenhand beeinflußten Baumwuchs.

In einer von Obstbäumen geprägten Landschaft läßt sich schnell erkunden, ob beim alteingesessenen Nachbarn, beim örtlichen Gartenbauverein oder einem Landschaftsarchitekten, welche Arten im eigenen Garten auch ohne aufwendige Bodenverbesserung zu einem guten Erfolg führen.
Sicher bieten größere Grundstücke mehr Möglichkeiten zur landschaftsbezogenen Gestaltung – oft werden diese aber gar nicht richtig ausgenutzt oder nicht einmal in Erwägung gezogen. Bei einem neu entstandenen ländlichen Garten, der erst richtig einwachsen muß, gilt es nun für den Besitzer des Anwesens, das Konzept des Landschaftsarchitekten durch möglichst geringen, aber richtigen Pflegeeinsatz fortzuentwickeln und zu erhalten.

Dies geschieht bereits dann, wenn Wiesen gar nicht, Rasen und Pflanzung nur wenig gedüngt werden. Wer davon ausgeht, daß in einer dörflichen Umgebung und bei der landschaftsbezogenen Pflanzenauswahl eines Fachmannes intensiv gedüngt werden muß, macht sich nicht nur viel unnötige Arbeit, sondern richtet auch Schaden hinsichtlich der Abschwemmungen des Düngemittels ins Grundwasser und der Übersäuerung des Bodens in Garten und Umgebung an.

Auch wenn die Beschäftigung und das Experimentieren mit einem ländlichen Garten etwas mehr Gartenarbeit erfordert, so kann man aber auch die Freude an einem solch üppig blühenden Garten, in dem sich auch die Tierwelt zahlreich einfindet, nicht hoch genug einschätzen.

rechts: Pflegeminimierung durch Beschränkung auf wenige intensiv gepflegte Partien im Garten.

Pflanzlisten

Zeichenerklärung für Pflanzlisten:

●	Pflanze für schattige Standorte
◑	Pflanze für halbschattige Standorte
○	Pflanze für sonnige Standorte
∘	Pflanze für trockene Standorte, verträgt keine dauernde Feuchte
∘∘	Pflanze für normalfeuchte Standorte, keine Staunässe vertragend
∘∘∘	Pflanze für feuchte bis nasse Standorte, verträgt Austrocknungt
∘∘∘∘	Wasser-, Sumpfpflanze, dauerhafte Wasserbedeckung/ Mindestwassertiefe erforderlich
G	guter, lockerer, nährstoffreicher Gartenboden
HW	Waldhumusboden, nährstoffreich
HS	sandiger, lockerer Humusboden
HL	lehmiger, lockerer Humusboden
M	Magerboden mit Steinen, Sand, Kies
MO	Moorboden, dauerfeucht, nährstoffreich
S	Sumpfboden mit Wasserbedeckung
(+)	Kalk liebend
(–)	Kalk fliehend

Bäume / Sträucher

Botanischer Name Deutscher Name	Höhe in m	Blütenfarbe Blütemonat	Frucht (-färbung) Herbstfärbung	Standort besonderes	Verwendung
Acer campestre Feldahorn (1)	8–15	grünlich V	F = rötlichbraun H = gelb-rot	○–● alle Böden (+) ∞ dichtkronig	Kleinbaum, Heckenpflanze
Acer ginnala Feuerahorn (2)	5–7 (3–4)	gelbgrün V	F = rot H = leuchtend rot	○–◑ alle Böden (–) ∞ baumartig, schirmförmig	Deck-, Zierstrauch Windschutz, Kübelpfl.
Acer negundo Eschenahorn	10–15	gelbgrün III–IV	F = gelbweiß H = gelb	○–◑ G ∞∞∞ lockerkronig	Park- und Alleebaum
Acer rubum Rotahorn	7–10	dunkelrot III–IV	F = rot H = d.rot, scharlachrot, gelb	○–◑ MO/HL (-) ∞∞∞ lockerkronig	Zierbaum in Gärten und Parks
Aesculus hippoc. 'Baumannii' Gefülltblühende Roßkastanie (3)	20–25	weiß V–VI	H = gelb	○–● G/HL/HS ∞ breitkronig	Allee-, Parkbaum
Amelanchier laevis Veredelte Felsenbirne	2–5 (3–4)	weiß IV-V	F = blauschwarz H = orange-scharlach	○–◑ G/HL (–) ∞ strauchartig, locker	Garten, Dachgärten, Kübelpflanze
Betula albosinensis Kupferbirke	6–8	unauffällig III-IV	H = gelb	○–◑ G ∞ lockerkronig	Garten, Park
Betula pendula `Tristis' Trauerbirke	15–20	auffällig IV-V	H = goldgelb	○ G/HS ∞ Krone eiförmig	Garten, Park
Buddleja davidii Schmetterlingsflieder	2–3	weiß–dunkelviolett VII–X		○ G/HL/HS (+) ∞ strauchartig	Dachgärten, Kübel, Park und Garten, Hof
Buxus sempervirens 'Arborescens' Buchsbaum	3-5 (1–3)	gelb unscheinbar IV–V	F = unscheinbar	○–● G/M (+) ∞ Großstrauch	Dachgärten,Kübelpflanze, Heckenpflanze
Carpinus betulus Hain-, Weißbuche (4)	15–20	unscheinbar V	F = braun H = goldgelb	○–● HL/HS ∞ dichtkronig	Heckenpfl., Einzel-/ Gruppengehölz
Caryopteris x clandonensis Bartblume	bis 1	violettblau VIII–X	F = unscheinbar	○ G ∞ Strauch	Dachgärten, Kübelpflanze, Zierstrauch
Chaenomeles-Sorten Scheinquitte	1-2	weiß und rot IV–V	F = gelblichgrün	○–◑ G/HS ∞ strauchartig, dicht	(Küblepflanze), Hecken, Dachgärten, Ziergehölz
Cornus alba Asiatischer Hartriegel	3–5	gelblich, rahmweiß V	F = weiß H = gelborange	○–● alle Böden ∞ breit-aufrecht	Windschutz, Deck- und Heckenstrauch
Cornus mas Kornelkirsche (5+6)	3-6	goldgelb III–V	F = rot	○–◑ HL/M (+) ∞ breit, sparrig	Hecken, Windschutz, Zier- strauch, Kübelpflanze
Crataegus monogyna Weißdorn/ Rotdorn (7)	2-6	weiß/ kaminrot V–VI	F = rot	○–◑ G (+) ∞ baumartig, dicht	Heckenpflanze, Straßenbereich
Euonymus alatus Geflügelter Spindelstrauch	3–4	gelbgrün V–VI	F = rötlich H = leuchtend dunkelrot	○–◑ G/HW ∞ sparrig, aufrecht	Ziergehölz, Kübelpflanze,
Fagus silvatica 'Purpurea' Blutbuche (8)	25-30	bedeutungslos V	F = bedeutungslos	○–◑ G/HL/HS ∞ breitkronig	Einzelbaum
Genista tinctoria Färberginster	0,5-1	leuchtend goldgelb VI–VIII	F = braun	○ G/HS (–) ∞ aufrecht, dichtbuschig	Kübel, Dachgarten, Stein- und Heidegärten

8

9

10

Botanischer Name Deutscher Name	Höhe in m	Blütenfarbe Blütemonat	Frucht (-färbung) Herbstfärbung	Standort besonderes	Verwendung
Hippophae rhamnoides Sanddorn	4–5	bräunlich, unscheinbar III–IV	F = orangerot	○ M (+) ◦ ausläufertreibend	Heidegärten, freiwachsende Hecken, trockene Hänge
Ilex crenata Japanische Stechpalme	2–3	weiß V–VI	F = rot	○–◑ HL/HS/MO (–) ∞ dicht verzweigt	Kleinhecken, Kübelpflanze, Garten, Moorbeete
Jasminum nudiflorum Echter Winterjasmin	2–3	goldgelb II–IV	F = unscheinbar	○–◑ G (+) ∞ hoch und breit wachsend, Spreizkl.	Mauer- und Wandspaliere, Steingärten, in Kübeln
Kerria japonica Ranunkelstrauch	1–2	goldgelb V–VI	F = unscheinbar	○–◑ G (–) ∞ breitwachsend	Zierstrauch, Kübelpflanze, Hecken
Koelreuteria paniculata Blasenesche	5–8	gelb VII-VIII	F = braun H = orangegelb	○ G (+) ∞ Krone fächerförmig	Einzelstellung, Garten Park, Innenhöfe
Kolkwitzia amabilis Kolkwitzie (9)	3-4 (2–2,5)	rosa V–VI	F = unscheinbar	○–● G/HL/HS ∞ st. verzweigt, hängend	Zierstrauch
Laburnum anagyroides Gemeiner Goldregen	5–9	gelb V–VI	F = grün	○–◑ G (+) ∞ strauch- oder baumartig	Ziergehölz, Früchte giftig
Ligustrum-Arten Liguster	2–5	rahmweiß	F = bläu–schwarz H = z.T. bräunlich	○–◑ G (+) ∞ dichtbuschig	Heckenpflanze z.T. wintergrün
Lonicera pileata Immergrüne Heckenkirsche (10)	0,3–1	blaßgelb V	F = purpurviolett	○–◑ G ∞ niederliegend, breitwachsenderStrauch	niedrige Hecken, als Bodenbedecker
Malus x atrosanguinea Zierapfel	6-8	kaminrot V	F = rötlich-gelb	○ G/HL/HW (+) ∞ baumartig, dicht	Einzel-, Gruppen-stellung
Malus sargentii Zierapfel	3-8	weiß–zartrosa V	F = leuchtendrot H = gelbrot	○ G/HL/HW (+) ∞ breitwachsend	Kübelpflanze, Garten
Potentilla fruticosa Gemeiner Fingerstrauch	0,5–1,5	goldgelb, weiß, orange V–X	F = unscheinbar	○–◑ G (–) ∞ dicht, breitbuschig	Zierstrauch, Tröge
Prunus laurocerasus Immergrüner Kirschlorbeer (11)	1–3	weiß V–VI	F = schwarzrot	◑–● G/HS (–) ∞ meist breitbuschig	Hecken, Kübelpflanze, Moorbeet
Prunus sargentii N.japanische Bergkirsche	7–12	reinrosa IV-V	H = scharlachrot	○ HL/HW (+) ∞ breitkronig	Garten, Park, Straße
Prunus serrulata Japanische Kirsche (12+13)	7–12	schneeweiß, dunkelrosa IV-V		○ HL/G (+) ∞ trichterförmig bis breitkronig	Ziergehölz für Garten, Park, Straßenbaum
Pyracantha coccinea Feuerdorn	2–3	weiß V–VI	F = orangefarben	○–g G/HS ∞ starkwüchsig, dicht	Dachgärten, Tröge, Hecken, Steingärten, Kiesbeete
Ribes sanguineum 'Atrorubens' Blutjohannisbeere	2–4	tiefrot IV–V	F = schwarz	○–g G ∞ locker, aufrecht	Zierstrauchhecken, Einzelstellung im Garten
Robinia 'Casque Rouge' Zierakazie, Rotblühend	10–15	rosa-lilarot V-VI	F = nicht auffallend	○ G/HL/M ∞ breitkronig	Garten, Park, Innenhöfe, Straßen
Rosa–Sorten Rose	0,5–2	rosa, weiß, rot, gelb VI–XI		○–◑ G/HL ∞	Garten, Ziergehölz, Tröge, Dachgarten

11

12

13

14

15

16

17

Bäume / Sträucher

Botanischer Name Deutscher Name	Höhe in m	Blütenfarbe Blütemonat	Frucht (-färbung) Herbstfärbung	Standort besonderes	Verwendung
Rubus fruticosus Heimische Wildbrombeere	2–3	weiß/ rosa VI–VII	F = schwarz glänzend	○–◑ G/HL/HS ∞ strauchartig, wintergr.	Böschungen, Naturgärten
Rubus odoratus Zimthimbeere	1–2	purpur VI–VIII	F = rot	◑–● G/HW ∞ aufrechte Triebe, wenig verzweigt	Randbepflanzungen, Unterpflanzungen
Salix x smithiana Küblerweide	4–6	mausgrau III–IV		○ HS ∞ Großstrauch	Garten und Park
Sambucus racemosa Traubenholunder	1-4	gelbgrün IV–V	F = scharlachrot	○–◑ M/HL (–) ∞ strauchartig, giftig	Land- und Hausgärten, Früchte eßbar
Sorbus aucuparia Vogelbeerbaum (14)	5–15	weiß V	F = hochrot H = gelborangerot	○–◑ G/MO/HL ∞∞ lockerkronig	Parkbaum, Einzel- und Gruppengehölz
Spiraea-Arten Spierstrauch (15)	0,5–3	weiß, rosa, karmin VI–IX		○–◑ alle Böden ∞ grazile Wuchsform	Hecken, Steingarten, Kübelpflanze
Syringa x chinensis Chinesischer Flieder	3–5 (1–2)	lilarosa V	F = unbedeutend	○ G/HW ∞ überhängender Wuchs	Garten, Hecken
Taxus baccata–Sorten Eibe (16)	1–8 (0,5–3)		F = scharlachrot	○–◑ G/HS (+) dichtkronig, giftig	Hecken, Heidegärten Tröge
Tilia cordata Steinlinde (17)	20–30	gelblichweiß VI-VII	F = grün H = gelb	○ G/HW/ ∞ dichtkronig	Parkbaum Heckenpflanze
Viburnum fragans Duftschneeball (18)	(2–3)	rosa–weiß II–III	F = schwarz, unbed. H = rotorange	○–◑ G/HL/HS ∞ dichtverzweigter Wuchs	in Gehölzrabatten, Kübelpflanze

Kletterpflanzen

Botanischer Name Deutscher Name	Höhe in cm	Blütenfarbe/ Blütemonat	Standort	besonderes	Verwendung
Actinida arguta Strahlengriffel	5–7	weiß VI	F = grüngelb	○–◑ G ∞ Schlinger	Mauerwerk, Pergolen, Laubengänge
Akebia quinata Akebie	3–5	violettbraun IV–V	F = hellviolett	○–◑ G/HS ∞∞ hochwindend, raschwüchsig	Mauern, Pergolen, Zäune, Spaliere, wintergrün
Aristolochia macrophylla Pfeifenwinde	8–10	gelbgrün-rosa V–VII	F = unbedeutend	○–● HS (+) ∞∞ starkwüchsig, Schlinger	Lauben, Pergolen,
Campsisradicans Klettertrompete	8–10	scharlch–karminrot V//–IX	F = unbedeutend	○ HL (+) ∞ selbstkletternd	Mauern und Fassaden
Clematis–Arten Wilde Waldreben (19+20)	1–10	rosa, weiß, gelb V–X	F = unbedeutend, z.T. gelb	○–● G/HL (+) ∞ starkw., kriechend, kletternd	Zäune, Pergolen, Felsen, an Parkbäume angelehnt
Clematis Hybriden Großblumige Hybriden (21)	2–3	weiß, rosa, rot, blau VI–IX		○–◑ G/HL ∞ in tiefgründigem Humus	Säulen, Mauern, Holzgerüsten

18

19

20

21

22

23

24

Botanischer Name Deutscher Name	Höhe in cm	Blütenfarbe/ Blütemonat	Standort	besonderes	Verwendung
Cobaea scandens Glockenrebe	2–3	violett VII–X		○–◑ G ∞ einjährig	Mauern, Spaliere, Sicht-, Windschutz
Euonymus fortunei Spindelstrauch	1–5	grünlichweiß, unsch. V–VI	F = z.T. rosa gelappt H = z.T. rot–purpurrot	○–● G/HW/HS/HL ∞ selbstkletternd, breitbuschig	niedrige Hecke, Unterpfl., Mauern, Steingärten
Hedera helix Gemeiner Efeu (22)	20–30	gelb VIII–X	F = schwarz	○–● G/HW(+) ∞ selbstkletternd	Tröge, alte Bäume, hohe Gartenmauern, Rasenersatz
Humulus lupulus Hopfen	4–5	grünlich VII–VIII	F = grün	○ G/HL ∞ Staude	Spaliere, Wände
Hydrangea petiolaris Kletterhortensie (23)	10-12	weiß VI–VIII	F = unbedeutend, braun	◑–● HS (–) ∞ selbstkletternd	Mauern, Dachgärten, Flächen, an Bäumen
Ipomoea purpurea Prunkwinde	2–3	rosa–violett VII–IX		○ G/ HL ∞ einjährig	Spaliere, Säulen, Pergolen, Zäune
Jasminuim nudiflorum Winterjasmin	2-4	goldgelb II–IV	F = unscheinbar	○ G/HL (+) ∞ hoch-, breitwachsend	Steingärten, Kübelpflanze, Mauerspalier, an Wänden
Lathyrus odoratus Duftwicke	1–2	viele Farben XII-III		○ G/ HS ∞ einjährig	Spaliere, Dachgärten Pergolen
Lonicera caprifolium Jelängerjelieber	4–5	gelblichweiß V–VI	F = korallenrot	◑–● HS/HL (+) ∞ Schlinger	Mauern, Pergolen, Zäune
Lonicera henryi Geißblatt	6-8	rötlich–gelbrot VI–VIII	F = schwarz	○–● HS/HL (+) ∞ starker Wuchs	Mauern, Pergolen, Zäune
Parthenocissus-Arten Wilder Wein (24)	3-15	grüngelb VI–VII	F = blauschwarz H = orange, scharlach, kamin	○–◑ G/HS/HL (+) ∞ selbstkletternd	Mauern, Fassaden, Lauben, Pergolen
Polygonum aubertii Knöterich	8–15	weiß VII–X		○–◑ HL/G ∞ sehr starkwüchsig	Laubengänge, Pergolen, Wandflächen
Rosa-Sorten Kletterrosen (25+26)	3–4	weiß, rosa, gelb, rot VI–X	F = rot–schwarz	○ G/HL ∞ aufrecht–bogig überhängend	Lauben, Pergolen, Bögen
Thunbergia alata Schwarzäugige Susanne	1–2	gelb mit dunkler Mitte VII–X		○ G ∞ einjährig, sonst Wintergarten	Wände, Pergolen, Zäune, in Ampeln
Wisteria sinensis Blauregen (27)	8–10	blauviolett V–VI	F = grün	○ HS/HL (–) ∞ kletternd mit Gerüst, Stahlseil	Mauern, Wände, Gerüste, Pergolen, Lauben

25

26

27

28

29

Stauden und Bodenbedecker

Botanischer Name/ Deutscher Name	Höhe in cm	Blütenfarbe/ Blütemonat	Standort	besonderes	Verwendung
Aconitum x arendsii Eisenhut	80–100	dunkelblau IX–I	◑ G/HW ∘∘∘	giftig; straffe Stile, kompakt aufrecht	Staudenrabatte, Schnittstaude, Wildstaude
Alchemilla mollis Frauenmantel (28)	30–50	hellgelb VI–VII	○–◑ G/HS ∘∘	dichtbuschig, sehr wüchsig, anspruchslos, verwildert	Staudenbeet
Alecea Rosea-Hybr. Stockrose	200	purpur, rosa, weiß, gelb VII–IX	○ G ++	aufrechter Wuchs, zwei-mehrjährig	Rabatte, Bauerngärten
Alyssum saxatile Steinkraut	20–30	leuchtend goldgelb V–VI	○ G/M (+) ∘∘	kompakter Wuchs, mehrere Sorten	Steingärten, vor Mauern
Arabis caucasia Gänsekresse	10–20	weiß, gefüllt IV–V	○ G (+) ∘	rasenbildend, polsterartig	Steingärten, Einfassungen, Mauern
Aruncus dioicus Waldgeißbart	120–180	gelblich-weiß VI–VII	◑ G/HW ∘∘∘	kräftig, aufrecht, dauerhafte Blütenstaude	lichter Schatten, Rabatten bei ausreichender Feuchte
Asarum europaeum Haselwurz	10	bräunlich-dunkelrot III–IV	◑–● G/HW (+) ∘∘	Kriechstaude	Bodendecker
Aster amellus Bergaster	40–60	blau-violett-lila VII–IX	○ G (+) ∘∘	dicht buschig, Stengel gerade, fester Stengel, viele Sorten	Steingärten, Einfassungen, Rabatten
Astilben-Arten Prachtspiere (29)	40–100	reinweiß, rosa-feuerrot VII–IX	◑ G/HS ∘∘∘	lockerer Wuchs	Rabatten, Plätze mit Waldcharakter
Aubrieta-Hybriden Blaukissen	5–10	violettblau IV–V	○ G (+) ∘∘	polsterartiger Wuchs, dicht, verschiedene Sorten	Terrassen, Trockenmauern, Steingärten, Mauerbepflanzung
Bergenia cordifolia Bergenie	40	rosarot IV–V	○–◑ G ∘∘	dichtbuschig, kriechender Wurzelstock, anspruchslos	Gehölz- und Mauerschatten
Brunnera macrophylla Kaukasus-Vergißmeinnicht	40–50	tiefblau IV–V	○–◑ G ∘	buschiger Wuchs, anspruchslos, Selbstaussaat, verwildert	in Staudenflächen vor Gehölzen
Campanula macrantha Waldglockenblume	100	violettblau VI–VII	◑ G/HW ∘∘	locker, aufrechter Wuchs	Naturgarten, Staudenbeet
Campanula poscharskyana Bosnische Glockenblume	10–15	hellila-blau VI–VIII	◑ G/HS (+) ∘∘	krautig, lange Triebe, z.T: rankend, anspruchslos	Steingärten, Mauerbepflanzung
Cimicifuga cordifolia Lanzensilberkerze	200	weiß VIII–X	◑ G /HW ∘∘	locker aufrechter Wuchs	Vorlichter Gehölzschatten
Chrysanthemum maximum Sommermagerite	80–100	reinweiß, gefüllt VII–IX	○ G ∘∘	Stengel aufrecht, wenig verzweigt	Rabatten
Convalaria majalis 'Grandiflora' Maiglöckchen	15–20	weiß V	◑ G/HW ∘∘	wuchernde Rhizomstaude, Beerenfrüchte giftig!	beschattete Gehölzflächen
Coreopsis verticillata 'Grandiflora' Mädchenauge (30)	60–80	gelb VI–IX	○ G/HS ∘∘	buschig, anspruchslos	Steingärten, Rabatten
Delphinium-Hybriden Garten-Rittersporn (31)	100–200	hell-dunkelblau VI–IX	○–◑ G/HL ∘∘	Stiele kräftig, dichtbuschig, Wurzelstock faserig dick	Staudenbeete

30

31

32

33

Botanischer Name/ Deutscher Name	Höhe in cm	Blütenfarbe/ Blütemonat	Standort	besonderes	Verwendung
Dicentra eximia Herzblume	20	rosarot VI–VII	◑ G/HS ◦◦	buschiger Wuchs	halbschattige Gartenflächen
Dicentra spectabilis Tränendes Herz (32)	60–80	rot–, rosaweiß V–VI	◑ G/HS ◦◦	buschiger Wuchs, traditionelle Gartenpflanze	Rabatten, Bauerngärten,
Digitallis purpurea 'Gloxiniaeflora' Roter Fingerhut	150	lilarot VI–VII	◑–● G/HW ◦	straff aufrecht, kurzlebig giftig!	Naturgärten, Gehölzschatten
Euphorbia polychroma Goldwolfsmilch	30–40	gelbgrün IV–VI	○–◑ G (+) ◦◦	buschiger Wuchs, vieltriebig, anspruchslos	Rabatten, vor Gehölzgruppen, Steingarten
Geranium endressii Storchenschnabel	20–30	leuchtendrosa VII–VIII	○–◑ G/M ++	Triebe niederliegend, aufstrebend verzweigt	vor Gehölzen, Naturgärten
Gypsophila repens Schleierkraut	10	zartrosa–weiß V–VIII	○ G/M (+) ◦	Stengel verästelt, lockerer, rasenartiger Wuchs	Steingärten, Tröge, Mauerspalten
Helenium-Hybieden Sonnenbraut	100	samtrot braune Mitte VII–IX	○ G ◦	aufrechter Wuchs, Stengel verzweigt, weitverbreitet	Rabatten
Helianthemum-Hybiden Sonnenröschen	10–20	gelb; weiß, rosa, rot VI–VIII	○ G (+) ◦	strauchartig, anspruchslos zum Teil frostempfindlich	Terrassen, Tröge, Steingärten, Mauern, trockene Böschungen
Helianthus atrorubens Staudensonnenblume	180	gelb VIII–IX	○ G ◦◦	aufrecht, Stengel rötlich, anspruchslos	Zäune, große Rabatten
Hemerocallis-Arten Taglilie	40–120	gelb, rosa, versch. rot VII–VIII	○–◑ G ◦◦	locker, dichtbüschelig, Stengel aufrecht, fest	an Gewässern (Teichen, Bächen, Becken), Staudenrabatten, Gehölzrand
Hosta albomarginata Weißrandfunkie (33)	30–60	violett mit weißem Saumg VII–VIII	G ◦◦	Ausläufer bildend, langlebig	bei Wasserflächen, lichter Gehölzschatten
Iberis saxatilis Schleifenblume, Schneekissen	5–10	weiß, nachblühend IV–VI	○ G/HS (+) ◦◦	niederliegend, polsterartig, Stengel zerbrechlich, holzig	Kübel, Steingärten, Rabatten, als Einfassung von Stauden, Mauern
Inula ensifolia Zwergtalant	20-30	goldgelb VII–VIII	○ G ◦	kompakt, Stengel aufrecht	Steingärten, als Gruppenstaude, Naturgärten, Dachgärten
Iris pseudacorus Schwertlilie	120	goldgelb VI–VII	○–◑ G ◦◦◦	Stengel straff aufrecht wichtige Gartenpflanze	Uferstaude, Rabattenpflanze
Iris sibirica Sibirische Iris	60–80	leuchtend blauviolett VI	○–◑ G/S ◦◦◦	aufrecht, Stengel ungleich lang, oft mehrblütig	an Wasserflächen, Gehölzrändern
Lamium maculatum 'Argenteum' Gefleckte Taubnessel	20	rötlichlila V–VI	◑ G/HW ◦◦	rasenbildend, wuchert stark, problemlos	Bodendecker, unter Gehölzen im Schatten
Lavandula angustifolia Lavendel (34)	30–50	tiefviolettblau VII–VIII	○ G (+) ◦◦	kompakte Gehölzpflanze	Einfassungsstaude, Steingärten, Rabatten, Kübelpflanze
Ligularia clivorum 'Desdemona' Geiskraut	100–150	orangegelb VII–IX	○–◑ G/MO ◦◦◦	locker, buschig	Einzelstaude, in Staudenrabatten, an Wasserstellen

34

35

36

37

Stauden und Bodenbedecker

Botanischer Name/ Deutscher Name	Höhe in cm	Blütenfarbe/ Blütemonat	Standort	besonderes	Verwendung
Lupinus polyphyllus Staudenlupine	80–120	gemischte Farbtöne V–VIII	○ G (-) ∞	aufrechter Wuchs, Samen giftig!	Parkanlagen, Naturgärten, Staudenrabatten
Lysimachia nummularia Pfennigkraut	5	tiefgelb V–VII	◑ G ∞∞	Stengel bis 50cm lang, niederliegend, anspruchslos	bei Gehölzflächen, an Bächen undTeichen
Monarda-Hybriden Indianernessel	120–150	karminrot VII–IX	○ G ∞	aufrecht, buschig, ausdehnungsfreudig	sonnige Rabatten
Nepeta x faassenii Katzenminze	30	lilablau VI–IX	○ G (+) ∞	kleinbuschig, Dauerblüher, anspruchslos	Natur- und Steingärten, als Einfassung von Beeten, Dachgärten
Oenothera missouriensis Missourische Nachtkerze	20-30	hellgelb VII–IX	○ G (+) ∞	Nachtblüher, Dauerblüher, niederliegend	Steingärten, Mauern, Rabatten
Paeonia-Arten Pfingstrose (35)	60–100	rot, weiß, rosa V–VI	○ G/HS ∞	langlebig, strauchartig	ländl. Gärten, Staudenrabatten, Einzelstellung
Polygonatum-Hybride Salomonssiegel	100–120	weiß V–VI	● G/HW ∞	Stengel aufrecht, oben übergebogen, wuchskräftig	Garten- und Parkanlagen mit Waldcharakter
Rheum palmatum 'Tanguticum' Russischer Zierrhabarber	200	rot V–VII	○–◑ G/HS ∞	kräftiger Wurzelstock, kräftiger Stengel	dekorative Pflanze zur Einzel-Stellung in Wassernähe, bei Gebäuden
Rodgersia aesculifolia Schaublatt	70–100	weiß VI–VII	◑–● HS/HW (-) ∞	aufrechter, lockerer Wuchs, wuchskräftig	Gehölzränder, am Wasser, an Rhododendron- und Moorbeeten
Rudbeckia-Arten Sonnenhut, Purpursonnenhut (36)	60–200	goldgelb, rosa–purpurrots VII–X	G ∞	aufrecht mit starkem Stiel, anspruchslos	Gartenzaunpflanze, mit hohen Stauden, Rabatten
Salvia nemorosa 'Mainacht' Salbei (37)	40	nachtblau V–X	○ G (+) ∞	dichtbuschig, langblühend, reich verzweigt	sonnige Staudenrabatten und Böschungen
Sedum telephium 'Herbstfreude' Fetthenne	40–50	bräunlichrot IX–X	○ G/M ◦	buschig, straffer, fleischiger Stengel	Naturgärten, Rabattenstaude
Solidago-Hybiden Goldrute	80	goldgelb IX–X	○ G ∞	aufrecht buschig, bogig überhängend, Stengel drahtig	Böschungen, Staudenbeete
Tiarella cordifolia Schaumblüte	20	weiß IV–V	◑–● G/HW ∞∞	aufrecht wachsend	Waldmotive und Naturgärten
Tradescantia x andersoniana Hybiden Dreimasterblume	40–50	blau–violett VI–VIII	○–◑ G ∞	locker, aufrecht wachsend, langblühend, anspruchslos	Staudenrabatte, an Wasseranlagen
Veronica incana Ehrenpreis	20–30	dunkelblau VI–VII	○ G (+) ∞	polsterförmig, dichtbuschig, Stengel beblättert, aufrecht	Staudenbeete, Stein- und Heidegärten
Vinca minor Immergrün (38)	10–15	blauviolett–hellblau IV–V	◑–● G/HW ∞	flacher Wuchs, niederliegend, Standardpflanze	Waldmotive, unter Baum- und Strauchgruppen
Waldsteinia ternata Waldsteinie (39)	10	gelb IV–V	◑–● G/HW ∞	Teppichbildung, kriechende Ausläufer, anspruchslos	Bodendecker unter Gehölzen

38

39

40

41

Gräser

Botanischer Name/ Deutscher Name	Höhe in cm	Blütenfarbe/ Blütemonat	Standort	besonderes	Verwendung
Avena sempervirens Blaustrahlhafer	50–80	blaßgelb VII–VIII	○ G/M (+) ∞	locker, aufrechte Horste, gut für Flächenbewuchs	Heide und Steingärten, in Einzelstellung, Gräsergärten
Briza media Zittergras	30–40	gelblich V–VI	○–◑ M/HS ∞	locker, aufrecht, Trockenblume	Stein- und Heidegärten, Böschungen, Terrassen
Carex-Arten Seggen-Arten (40)	40–100	grün V–VI	○–◑–● verschieden	horstartig, aufrecht, grazil	Gehölzränder, Kübelpflanze, Fels- und Mauerfugen
Cortaderia selloana Pampasgras (41)	200–300	silberweiß IX–XI	○ G ∞	aufrecht straff, Großgras, anspruchsvoll	solitär an Wasserbecken und Gebäuden
Deschampsia caespitosa 'Bronzeschl.' Waldschmiele	120	goldbraun VI–VII	○–◑ G/HW ∞	feste Horste, nicht wuchernd, schön bis in den Herbst	Gehölzränder, Staudenrabatten
Festuca-Arten Schwingel-Arten	30–100	grün VI–VII	○–◑ G/M ∞	mattenförmig–horstartig, widerstandsfähig	Steingärten, Einfassungen, Polsterflächen
Luzula nivea Schneemarbel	20-40	schneeweiß VI–VII	◑–● G/HW ∞	grasartig, locker wachsend, eignet sich gut zum Binden	Gehölzgruppenunterpflanzung
Miscanthus sinensis 'Silberfeder' Chinaschilf (42)	100–200	silbrig–weiß VIII–IX	○ G ∞	aufrecht, hoche Stiele, nicht wuchernd, grün bis Winteranf.	Hintergrund bei Staudenbeeten, Gräsergarten, an Gewässern
Molinia caerulea 'Variegata' Weißbuntes Zwergpfeifengras	40–70	weißgelbgrün VIII–X	○–◑ G ∞	locker, buschiger Wuchs, spät austreibend	Einfassungen, Kübelpflanze, Naturgärten, in Staudenrabatten
Panicum clandestinum Bambushirse	100–120	bräunlich VII–VIII	○ G ∞∞	aufrecht, später überhängend, schöne Einzelpflanze	Kübelpflanze, Gehölzränder, Heidegärten, an Gewässern
Pennisetum compressum Australisches Lampenputzergras (43)	80 VIII–IX	rotbraun G ∞	○	locker-aufrechter Busch, gutes Gartengras	Stauden, einzeln oder im Horst, an Gewässern, Heide- u. Gräsergärten
Pennisetum compressum 'Hameln' Federborstengras	60	rotbraun VII–IX	○ G ∞	aufrechter Halmbusch, gut als Schnittgras geeignet	Einzel- oder Horstpflanze, Gräser- oder Heidegarten, Staudenrabatten
Pseudosasa japonica Bambus	200–300		○–◑ G ∞	aufrecht, ausläufertreibend	Hintergrund von Staudenrabatten, an Gewässern, Naturgärten, im Kübel
Sasa pumila, pygmaea Zwergbambus	50–60, 30		◑–● G ∞	großer Ausbreitungsdrang, guter Bodendecker	großflächig an Gehölzrändern, an Gewässern, Natur- und Steingärten
Stipa barbarta Reiherfedergras	80	silberseidig VII–VIII	○ G/M (+) ∞	locker, horstbildend, gutes Staudengras	Treppenwangen, Trockenmauern, Gewässerränder

42

43

44

45

Farne

Botanischer Name/ Deutscher Name	Höhe in cm	Standort	besonderes	Verwendung
Athyrium felix-femina Frauenfarn (44)	70	◑–● HW ∞	feingegliederte Wedel, engstehende Fiedern, starke Stiele, aufrecht	mit Gräsern, unter Gehölzen, in kleineren bis mittleren Pflan zengruppen
Adiantum pedatum Hufeisenfarn	60	◑–● HW ∞∞	aufrecht, locker, zierlich mit Wedestiele, 7–8fach gefiedert	Farnhorste in Naturgärten, Gehölzbereich
Dryopteris borreri Goldschuppenfarn	80–100	◑–● HW ∞	trichterförmiger Wuchs, Stiele goldbraun dicht bewachsen, anspruchslos	mit Gräsern, unter Gehölzen, in kleineren bis mittleren Pflan-zengruppen, Einzelstellung
Dryropteris filix-mas Wurmfarn (45)	100	○–◑–● HW ∞	trichterförmig, büschelig-aufrecht, einfach gefiedert, breit-pyramidal	mit Gräsern, unter Gehölzen, in kleineren bis mittleren Pflanzen-gruppen, Einzelstellung
Matteuccia struthiopteris Trichterfarn (46)	80–120	◑–● HW ∞∞	wuchert über unterirdische Ausläufer, Wedel 2-fach gefiedert, anspruchslos	geeignet zur großflächigen Pflanzung, aber auch in Ein-zelstellung
Onoclea sensibilis Perlfarn	40–50	◑–● HW ∞∞	kriechende Rhizome mit Ausbreitungs-drang, anspruchslos unter Gehölzen	großflächige Pflanzungen mit Gräsern,
Osmunda regalis Königsfarn	100–120	◑–● HW; MO (-) ∞∞	locker, aufrecht, doppelt gefiedert, braune Fruchtfiedern	mit Gräsern, unter Gehölzen, in kleineren bis mittleren Pflan-zengruppen, Einzelstellung
Phyllitis scolopendrium Hirschzungenfarn	20–40	◑–● HW (+) ∞∞	locker, buschig, aufrecht, lederartige, breitlanzettförmige Wedel, wintergrün	Mauerspalten, lichtschattige Gartenpartien
Polypodium vulgare Tüpfelfarn	30–40	● HW (-) ∞	aufrecht, weitkriechend, Wedel schmal-dreieckig, lederartig	für Felsspalten und Mauerfugen, Steingärten,in kleinen bis mittleren Pflanzengruppen

46

47

48

Kräuter

Botanischer Name/ Deutscher Name	Höhe in cm	Blütenfarbe/ Blütemonat	Standort	Anzucht/ Verwendung	besonderes
Allium schoenoprasum Schnittlauch (47)	100–150 (20–30)	lilarosa VI–VIII	○–◑ HL ∞	im Frühjahr in Töpfe, Kästen, Kübel,Beete säen, gut in Balkonkästen	röhrenförmige Blätter, nicht direkter Sonneneinstrahlung aussetzen
Levisticum officinale Liebstöckl	150 (80)	grüngelb VII–VIII	○ HL ∞∞	ab Anfang Mai Aussaat mit frischemSamen, in Beete oder große Kübel	mehrjährige, starkwüchsige Staude, bedingt winterhart
Melissa officinalis Zitronenmelisse	100 (50)	weiß–rosa VII–IX	○ G ∞	im Frühjahr direkt in Gefäße säen,in Beeten oder Gefäßen	üppig wachsende Staude, Winter-schutz
Ocimum basilicum Basilikum (48)	20–25	weiß–zartrosa VI–VIII	○ G ∞	im Frühjahr säen, Lichtkeimer, in Kübeln, Töpfen, Kästen	einjährig, wächst erst bei T > 14°C
Origanum majorana Majoran	20–50	dunkelrosa VI–VIII	○ G ∞	Ab Mai in Gefäße säen, Lichtkeimer, in Kübeln oder Gefäßen	meist nur einjährig, da kälte empfindlich
Origanum vulgare Oregano	40–70	rosa VII–X	○ G ∘	Ab April in Kübel, Kästen und Töpfe säen, Lichtkeimer	mehrjährig, frostempfindlich
Petroselinum crispum Petersilie	30	weiß VI–VII	○–◑ G ∞	Ab März in Blumentöpfe und säen Kästen	zweijährig, glattblättrige Sorten aromatischer, Winterschutz
Phaseolus cocineus Feuerbohne	200–250	weiß, rot VI–IX	◑ G ∞	ab Mitte Mai im Freien in Gefäße säen, an Spalieren, Kletterhilfen, feucht halten	rasch und üppig rankend, Bohnen gekocht eßbar, sonst giftig
Rosmarinus officinalis Rosmarin (49)	200 (50–80)	himmelblau V–VI	○ LS ∘	vorgezogene Jungpflanzen, in Beeten vor Mauern, in Terracotta-kübeln	immergrüner, stattlich aus-wachsender Strauch, frostemp-findlich ab -5 C°
Salvia officinalis Gartensalbei	40–60	blauviolett VI–VIII	○ G ∘	Ab April/Mai in Beete oder vor windgeschützten Mauern einsäen	dunkelkeimender, buschiger Halbstrauch, Winterschutz
Thymus vulgaris Thymian	20–25	hellrosa VI–IX	○ G ∞	Jungpflanzen oder Aussaat März, Mai in Beeten und Kübeln	buschiger Halbstrauch, Sommer-thymian ist frostempfindlich

49

50

51

Sumpf- und Uferpflanzen

Botanischer Name/ Deutscher Name	Höhe in cm	Blütenfarbe/ Blütemonat	Standort/ max. Wassertiefe	besonderes	Verwendung
Calla palustris Drachenwurz (50)	20-40	weiß VI–VIII	○–◑ MO (–) ∘∘∘∘ 10cm	giftig, scharlachrote Beerenfrüchte, anspruchslos	Sumpfflächen an Teichen und Bächen
Dactylorhiza maculata Geflecktes Knabenkraut	30	rot–violett VI–VII	○ MO/HL ∘∘∘	anspruchslos	Feuchtwiesen, Randbereich von Teichen
Eriophorum angustifolium Wollgras	30–50	weiß IV–V	○ MO/S (–) ∘∘∘/∘∘∘∘∘ 10 cm	grasartig, aufrechte Ähren mit weißer Wolle	Sumpfflächen
Euphorbia palustris Sumpfwolfsmilch	50–120	gelbgrün V–VI	○ S ∘∘∘∘ 10cm	aufrecht, anspruchslos, Ausbreitungsdrang	nasse Standorte, seichte Gewässer, zur Unterpflanzung von Gehölzen
Iris kaempferi Japanische Prachtiris (51)	50–120	viele Farben V–VII	○ MO/S (–) ∘∘/∘∘∘∘ 1–5 cm	von V–VII in flachem Wasser, danach trockener	alle Wassermotive, Sumpfgärten
Mimulus luteus Gauklerblume	25–30	gelb VI–VIII	○–◑ S ∘∘∘∘ 10 cm	aufrechter Wuchs	Naturgärten, an Bächen und Teichen, Sumpfflächen
Myosotis palustris Sumpfvergißmeinnicht	20–30	blau V–IX	○ S ∘∘∘/∘∘∘∘ 1–5cm	ausdauernd, anspruchslos	feuchte Randzonen, Flachwasser
Potentilla palustris Sumpf-Blutauge (52)	40–50	trübrot VI–VII	◑ MO (–) ∘∘∘∘ 10 cm	kriechend, wuchernd, anspruchslos	Moorbeete, Teichränder

52

53

54

Pflanzen für Flachwasser

Botanischer Name/ Deutscher Name	Höhe in cm	Blütenfarbe/ Blütemonat	Standort/ max. Wassertiefe	besonderes	Verwendung
Alisma plantagoaquatica Froschlöffel	50–70	weiß–rosa VI–VII	○–g S oooo 0–20 cm	buschig, aufrechter Wuchs anspruchslos	Ufer- und Wasserpflanze für Wasserbecken und Bachläufe, an Teichen
Butomus umbellatus Blumenbinse (53)	100	rosa VI–VIII	○ S oooo 0–20 cm	wertvolle, winterharte Sumpf- und Wasserstaude	für Wasserbecken und Teiche
Caltha palustris Sumpfdotterblume (54)	20–40	gelb III–VI	○–◑ HL/MO ooo/oooo 0–10 cm	zeitweise Nachblüte im Herbst	Randbereiche von Teichen und Bächen, unter Ufergehölz
Cyperus longus Langes Zyperngras	100–120	rotbraun VI–VII	○–◑ S oooo 0–20 cm	horstbildend, anspruchslos	Uferpflanze an allen Gewässern
Iris laevigata Sumpfiris (55)	60–80	viele Farben VII–VIII	○ S oooo 0–10 cm	langsamwachsend	Wassergarten, Uferbereiche von Teichen
Lysimachia thyrsiflora Strauß-Goldfelberich	20–30	gelb VI–VIII	○–◑ S oooo 0–10 cm	anspruchslos	Sumpfbeete, Naturgärten
Pontederia cordata Hechtkraut	50–60	blau VI–VIII	○ S oooo 0–30 cm	aufrecht wachsende Staude, anspruchslos	Sumpfflächen, Uferbereiche von Teichen und Bachläufen
Ranunculus aquatilis Wasserhahnenfuß	schwimmt	weiß VI–VIII	○ S oooo 0–30 cm	Schwimmpflanze, anspruchslos	Flüsse, Bäche, Gartenteiche, Naturgärten
Sagittaria latifolia Pfeilkraut	40–50	weiß VI–VII	○–◑ 6 oooo 0–20 cm	aufrecht, ausläufertreibend, stark wuchernd	Sumpf- und Wasserbecken, an Teichen und Bächen
Scirpus lacustris Seesimse	100–150	unscheinbar VI–VIII	○–◑ S oooo 0–50 cm	stark wuchernd, Topfpflanzung hilfreich, dekorativ	Sumpf- und Wasserbecken Wasserreinigung
Typha angustifolia Rohrkolben (56)	150–200	braune Kolben VI–VIII	○ S oooo 0–30 cm	aufrecht wachsend, starker Ausbreitungsdrang	Sumpf- und Wasserbecken, Teiche, Seen, Naturgärten

55

56

57

58

Pflanzen für Tiefwasser

Botanischer Name/ Deutscher Name	Wassertiefe	Blütenfarbe/ Blütemonat	Blütendurch-messer in cm	Standort/ Platzbedarf	besonderes/ Verwendung
Nuphar lutea Teichrose (57)	40–200	gelb VI–VIII	2–5	○–◑ S ◦◦◦◦ hoch	nur in großen Teichen, geschützt
Nymphaea alba Seerose (58)	80–100	weiß VI–IX	12	○ S (–) ◦◦◦◦ 1,5 qm	Teiche, Seen, Wasserbecken, in Naturgärten, heimisch
Nymphaea x hybrida 'Charles de Meureville' Seerose	50–150	weinrot–weißlich Vi–IX	20	○ S (–) ◦◦◦◦ 1–1,5 qm	Teiche
Nymphaea x hybrida 'Colonel A.J. Welch' Seerose	50	kanariengelb VI–IX	18	○ S (–) ◦◦◦◦ 1,5 qm	Teiche, Seen, Wasserbecken, in Naturgärten
Nymphaea x hybrida 'Graciella' Seerose	30–40	orange VI–IX	8	○ S (–) ◦◦◦◦ 1,5 qm	Teiche
Nymphaea x hybrida 'James Brydon' Seerose	40–80	kirschrot VI–IX	14	○ S (–) ◦◦◦◦ 1–1,3 qm	Teiche
Nymphaea x hybrida 'Laydekeri Lilcea' Seerose	20–40	lilarosa VI–IX	10	○ S (–) ◦◦◦◦ 0,25–0,75 qm	Teiche
Nymphaea x hybrida 'Masaniello' Seerose	40–80	tiefrosa VI–IX	15	○ S (–) ◦◦◦◦ 0,25–0,75 qm	Teiche (Pflanzung in Schalen), in Naturgärten
Nymphaea x hybrida 'René Gérard' Seerose	40–70	dunkelkarmin VI–IX	15–18	○ S (–) ◦◦◦◦ 1–1,5 qm	Teiche, Seen, Wasserbecken, in Naturgärten
Nymphaea x hybrida 'Sioux' Seerose	20–80	gelb–kupferrot VI–IX	10–15	○ S (–) ◦◦◦◦ 1–1,5 qm	Teiche
Nymphaea tuberosa 'RIchardsonii' Seerose	40–100	weiß VI–IX	16–18	○ S (–) ◦◦◦◦ 1,5–2 qm	nur in großen Teichen, gefüllte Blüte, Teiche, Seen
Nymphaea odorata 'Rosennymphe' Seerose (59)	40–80	hellrosa VI–IX	12–14	○ S (–) ◦◦◦◦ 1–1,5 qm	Teiche
Nymphoides peltata Seekanne (60)	30–50	gelb VII–VIII		○–◑ S ◦◦◦◦	wuchert etwas, Blüte aus Stiel hochgestellt in Sumpfbecken

59

60

61

62

Unterwasserpflanzen / Schwimmpflanzen

Botanischer Name/ Deutscher Name	Wassertiefe	Blütenfarbe/ Blütemonat	Standort	besonderes/ Verwendung
Calltitriche palustris Wasserstern	30–60	unscheinbar	● ◦◦◦◦	wertvolle Unterwasserpflanze, winteraktiv
Chara fragilis Armleuchteralge	ab 30	unscheinbar	○–◑ ◦◦◦◦	enthärtet Wasser, 30cm lange Einzeltriebe, guter Sauerstoffs-pender
Elodea canadensis Wasserpest	50	unscheinbar	○ ◦◦◦◦	wuchert stark, kann andere Pflanzen verdrängen, bringt Sauerstoff, jedoch lästig
Hottonia palustria Wasserfeder (61)	10–20	rosa V–VI	◑ S (–) ◦◦◦◦	wintergrün, Blüten stehen über dem Wasser, bildet Landformen, empfehlensw.
Potamogeton crispus Laichkraut (62)	30–100	rötlich–unscheinbar VI–IX	○–◑ S ◦◦◦◦	besonders für Fischteiche emp-fehlenswert, da guter Leich-platz, wuchert
Ranunculus aquatilis Wasserhahnenfuß	30	weiß VI–VIII	○ S ◦◦◦◦	gut für Wassersäuberung, wuchert etwas, Schalenblüte, anspruchslos
Stratoides aloides Wasseraloe (63)	30–100	weiß VII–VIII	○ S (–) ◦◦◦◦	in Wasser- und Sumpfbecken, Teiche, interessante Wasser-planze
Hydrocharis morsus-ranae Froschbiß	5–10	weiß VII–VIII	○–◑ S (–) ◦◦◦◦ 10–20	kann große Flächen bedecken, in Uferbecken, anspruchslos, Schwimmpflanze

63

Literaturliste

Hans-Joachim Dodillet. Licht am Haus und im Garten. München 1985.
Heidi Howcroft, Hecken und Zäune, Gitter und Mauern. München 1993.
Heidi Howcroft, Pflaster für Garten, Hof und Plätze. München 1996.
Heidi Howcroft, Pflaster im Garten. München 1998.
Karl Ludwig; Dachgärten und Balkone. München 1993.
Michael Niederstrasser/ Johanna Spalink-Sievers/ Rüdiger Weddige, Gartenhaus, Laube, Pergola. München 1991.
Wolfgang Niemeyer, Schöne Gärten einfach zu pflegen. München 1990.
Horst Schümmelfeder, Terrassen, Gestaltung, Anlage, Ausstattung. München 1990.
Horst Schümmelfeder, Der Vorgarten. München 1990.
Roland Thomas, Brunnen im Garten. München 1992.

Bildnachweis

Titelseite

Garten Sijte Stuurman, Holland
Foto: Marijke Heuff, Amsterdam

Umschlagrückseite

Floraprint, Nature + Science, Vaduz; Robers Leuchten, Südlohn; Wolfgang Stehling (Floraprint, Nature + Science, Vaduz); Friedrich Strauß, Au/Hallertau.

Birgit Amend, Köln:	S. 114/115
Rüdiger Backmann, Hamburg:	S. 16, 135, 138
Brilliant-Leuchten, Gnarrenburg:	S. 107, 110, 111, 112, 113, 114, 116, 117
Helga und Wolfgang Bünnagel, Wendelsheim:	S. 97, 98/99
Michael P. Cresswell, München:	S. 140/141
R. Dargel, Rinteln:	S. 72/73
Das Haus, Archiv:	S. 121
Heribert Denner, München:	S. 82
Hans Engels, Schondorf:	S. 36
Floraprint, Nature + Science, Vaduz, Liechtenstein:	S. 76, 96, 107, 120, 135
Garpa, Holert, Handelsges. mbH, Escheburg:	S. 10/11, 13, 14/15, 17,19, 22/23, 29, 50/51, 112
Antje-Katrin, Hausen:	S. 122
Marijke Heuff, Amsterdam, Niederlande: Titelbild,	S. 103
Reinhold Hilgering, München:	S. 32/33, 37, 39
Hoffmeister Leuchten, Berlin:	S. 109
Heidi Howcroft, München:	S. 46
Peter Howcroft, Heaton Moor, Stockport, England:	S. 43
Georges Léveque, Cloyes-sur-Loyes, Frankreich:	S. 4/5, 94/95
Karl Ludwig, Großbettlingen:	S. 79, 102, 123, 124, 125, 127, 128
Christina Menzebach-Füß:	S. 46, 52/53, 56
Marion Nickig, Essen:	S. 20, 21, 88, 136 (2 x)

Michael Niederstrasser, Hannover:	S. 60/61, 68, 69, 134
Osram GmbH, München:	S. 108
Robers Leuchten GmbH & Co.KG, Südlohn:	S. 106
Gary Rogers, Hamburg:	S. 24/25, 34/35, 40, 44/45, 47, 58/59, 66/67, 78, 100, 104/105, 132/133
Manfred Ruckszio, Taunusstein:	S. 83
Gerhard Schäfer, Babenhausen:	S. 42/43
Johanna Spalink-Sievers, Hannover:	S. 49, 64, 65
Wolfram Stehling (Floraprint, Nature + Science, Vaduz):	S. 21, 26, 33, 38, 56, 89, 90/91, 92/93, 101, 103, 129
Uwe Stöcker, Düsseldorf:	S. 12, 20
Gustav Störzer, Hannover:	S. 18
Friedrich Strauß, Au/Hallertau:	S. 2/3, 8/9, 17, 19, 27, 28, 29, 30/31, 48, 54/55, 57, 62/63, 74/75, 78, 81, 85, 86/87, 126, 118/119, 123, 127, 130/131
Roland Thomas, München:	S. 26, 84
Rüdiger Weddige, Wallenhorst:	S. 6, 13, 16, 65, 70/71, 120, 124, 137
Bernd Weigel:	S. 123
Hajo Willig, Hamburg:	S. 18

Impressum

Streitfeldstr. 35, 81673 München

http://www.callwey.de
e-mail: buch@callwey.de

Schutzumschlaggestaltung:
Factor Product, München
Gestaltung und Produktion:
Factor Product, München
Lithos:
Eurochrom, Villorba
Druck und Bindung:
Printer, Trento
Printed in Italy
ISBN 3-7667-1355-8

Die Deutsche Bibliothek – CIP-Einheitsaufnahme
Gärten phantasievoll gestalten: die besten Ideen führender Gartengestalter / Kerstin Boschütz und Johannes Schmidt (Hrsg.). Mit Textbeitr. von Hans-Joachim Dodillet... - München: Callwey, 1999
ISBN 3-7667-1355-8

CALLWEY

Die Bücher.

Rainer W. Kuhnke
Südliche Stimmung für heimische Gärten
1999. 128 Seiten,
150 Abbildungen, 20 Pläne.
Gebunden.
ISBN 3-7667-1329-9

Mediterranes Flair auch für nördliche Gärten! Ob großzügiger Landschaftsgarten, kleiner Balkon oder luftige Dachterrasse – dieses Buch zeigt anhand von faszinierenden Beispielen, wie man heimische Gärten in südliche Stimmung versetzen kann. Alle Gärten werden detailliert mit Abbildungen und Planskizzen erläutert.

AKZENTE SETZEN IM GARTEN

Gärten in Farbe getaucht! Sandra und Nori Pope zeigen, wie sich im Garten auf verblüffend einfache Weise Farbakzente setzen lassen – sie pflanzen in ihren Rabatten nur in einer Farbe. In diesem Buch präsentieren sie die verschiedensten Farbfamilien und zeigen im Detail, wie man üppige einfarbige Pflanzungen selbst zusammenstellen kann.

Nori und Sandra Pope
Gärten in Weiß, Gelb, Rot oder Blau
1999. 160 Seiten, 294 Abbildungen.
Gebunden mit Schutzumschlag.
ISBN 3-7667-1338-8

**CALLWEY VERLAG
MÜNCHEN**